U0011225

# 我們為什麼還沒有死掉

## 史上最有趣的免疫系統科學漫談

（原來，你能活著還真是奇蹟！）

**伊丹·班-巴拉克** ［著］ **傅賀** ［譯］
微生物學專家、雪梨大學科學史博士　　伊利諾大學微生物學博士

# Why Aren't We Dead Yet ?
the survivor's guide to
the immune system

# Idan
# Ben-Barak

# 我們為什麼還沒有死掉？
## 史上最有趣的免疫系統科學漫談（原來，你能活著還真是奇蹟！）

| | | |
|---|---|---|
| 作　　　者 | 伊丹・班─巴拉克（Idan Ben-Barak） | |
| 譯　　　者 | 傅賀 | |
| 文 稿 編 輯 | 吳佩芬　鄭家暐 | |
| 責 任 編 輯 | 何維民 | |

| | |
|---|---|
| 版　　　權 | 吳玲緯 |
| 行　　　銷 | 巫維珍　何維民　蘇莞婷　林圃君 |
| 業　　　務 | 李再星　陳紫晴　陳美燕　葉晉源 |
| 副 總 編 輯 | 何維民 |
| 總 經 理 | 陳逸瑛 |
| 發 行 人 | 涂玉雲 |
| 出　　　版 | 麥田出版 |
| | 104台北市中山區民生東路二段141號5樓 |
| | 電話：（886）2-2500-7696　傳真：（886）2-2500-1967 |
| 發　　　行 | 英屬蓋曼群島商家庭傳媒股份有限公司城邦分公司 |
| | 104台北市中山區民生東路二段141號2樓 |
| | 書虫客服服務專線：(886)2-2500-7718；2500-7719 |
| | 24小時傳真服務：(886)2-2500-1990；2500-1991 |
| | 服務時間：週一至週五09:30-12:00；13:30-17:00 |
| | 郵撥帳號：19863813　戶名：書虫股份有限公司 |
| | 讀者服務信箱E-mail：service@readingclub.com.tw |
| | 麥田部落格：http://blog.pixnet.net/ryefield |
| | 麥田出版Facebook：http://www.facebook.com/RyeField.Cite/ |
| 香港發行所 | 城邦（香港）出版集團有限公司 |
| | 香港灣仔駱克道193號東超商業中心1樓 |
| | 電話：852-2508-623 |
| | 傳真：852-2578-9337 |
| 馬新發行所 | 城邦（馬新）出版集團【Cite (M) Sdn Bhd.】 |
| | 41-3, Jalan Radin Anum, Bandar Baru Sri Petaling, |
| | 57000 Kula Lumpur, Malaysia. |
| | 電話：(603) 9056-3833 傳真：(603) 9057-6622 |
| | Email：service@cite.my |

| | |
|---|---|
| 印　　　刷 | 前進彩藝有限公司 |
| 電 腦 排 版 | 洸譜創意設計股份有限公司 |
| 書 封 設 計 | 廖勁智 |

| | | |
|---|---|---|
| 初 版 一 刷 | 2020年9月 | |
| 初 版 三 刷 | 2023年3月 | |
| 定　　　價 | 299元 | 著作權所有・翻印必究（Printed in Taiwan） |
| I　S　B　N | 978-986-344-804-4 | 本書如有缺頁、破損、裝訂錯誤，請寄回更換 |

WHY AREN'T WE DEAD YET?
Copyright©2014, 2018 by Idan Ben-Barak
Published by arrangement with Scribe Publication Pty Ltd,
through The Grayhawk Agency. All Rights reserved.

本書中文譯稿由天鳶文化傳播公司代理，重慶大學出版社有限公司授權使用，
未經書面同意不得任意翻印、轉載或以任何形式重製。

**國家圖書館出版品預行編目資料**

我們為什麼還沒有死掉？：史上最有趣的免疫系統科學漫談(原來,你能活著還真
是奇蹟!) / 伊丹.班-巴拉克(Idan Ben-Barak)著；傅賀譯. -- 初版. -- 臺北市：麥田
出版：家庭傳媒城邦分公司發行, 2020.09
224面；15×21公分
譯自：Why aren't we dead yet? : the survivor's guide to the immune system
ISBN 978-986-344-804-4(平裝)

1.免疫學 2.通俗作品
369.85　　　　　　　　　　　　　　　　　　　　　　　109011076

宇宙中充滿了神奇的東西，
耐心地等待著我們變得更為睿智。


——艾登·菲爾伯茨（Eden Phillpotts）
／《陰影過隙》（*A Shadow Passes*）

# 目次

# 相遇的時刻

**20** 第1章

我們還沒有死掉，是因為我們每個人都有免疫系統，你看，它有好幾層防線來抵禦感染。本章我們將會簡要地回顧一下免疫系統有哪些組成要素，它們的工作機制又是怎樣。

# 發育的過程

**58** 第2章

我們還沒有死掉，是因為免疫系統從我們還是受精卵的那一刻起就開始緩慢地發育，在內部和外部各種刺激的輔助下，變成了今天的樣子。母親對這個過程貢獻很大，等你讀完這一章，你會以一種全新的眼光看待母嬰關係。

## 第3章 演化的歷史

**88**

我們還沒有死掉，是因為我們的免疫系統已經演化了數億年，從我們的祖先還是一個小不點動物的時候開始，通過與周遭不斷演化的環境進行互動，我們的免疫系統逐漸形成。

## 第4章 研究的歷程

**136**

我們還沒有死掉，是因為人們在不斷探索疾病、健康和免疫的機制，而且不斷有新的發現，這使得人類可以控制疾病，降低死亡率。本章我們會對免疫學歷史上一些有趣的進展、辯論和錯誤進行細緻分析，回顧我們的認識是如何發展成今天的樣子的。

## 172 第5章 干預的時代

我們大多數人還沒有死掉，是因為現在我們可以對彼此做一些之前做不了的事情來延續我們的生命。

## 194 第6章 結語：免疫的未來

我會簡短地談談未來可能會出現的讓我們長生不老的東西。當然，前提是，我們能夠活到那一天。挺住。

# 致台灣讀者

　　本書原先於二〇一四年問世，二〇一八年出了更新版。當我在二〇二〇年五月下旬寫這篇序時，我們的世界正與一場全球病毒大流行奮戰，病毒擴散已經幾個月了，而且不會很快消失。突然之間，免疫學不斷登上頭條新聞，每個人似乎都在談抗體、疫苗、免疫反應……對於像我一樣已經鑽研這些事物好一陣子的人來說，真是不知所措，感覺很像發現自己最愛的邪典電視影集或獨立樂團突然變成超熱門主流。

　　但新型冠狀病毒肺炎（COVID-19）不是樂團或電視劇，它造成貨真價實的危害。就我們記憶所及，傳染病已經糾纏人類很久了。在世界各地，傳染病對許多人來說不曾消失過——在眾多發展中國家，結核病、瘧疾和其他各種傳染病仍造成數百萬人死亡——但是現在，其他地方也一樣為傳染病所苦。有些人曾經沾沾自喜，因為過去約五十年來，抗生素、疫苗接種計畫和衛生改善措施都讓傳染病顯得更沒有威脅性。瘟疫是過去的事了，我們打敗了瘟疫，覺得很安全。嗯，結果發現我們並不安全，而且未來還要不安全好一陣子。

　　不過這一點你們早就曉得了。部分是因為二〇〇三年SARS爆發時，台灣是對傳染威脅做出迅速、果決應變的其中一個國家，因此蒙受的損害相對較小。這份近期發生、令人膽顫的回憶，你們都還記得，但我們有許多人已經忘記。傳染病是大自然不可避免的一部分，而且一直都是。這個事實就反映在人體內部：我們的免疫系統縱貫人類演化史發展，以多種巧

妙的方式回應傳染病提出的挑戰。這本書就是從幾個不同的視角來敘說這一段發展歷程的故事。現在這場全球大流行病也突顯了我們將在全書看到的幾個關鍵主題：

- 截至二○二○年上半年，醫學能提供給新冠肺炎病人最好的處置是支持性療法，實質上就是在病患的免疫系統對抗病毒的同時維繫住他們的生命。依我們所有的技術和知識，人類能用來對付這種新傳染病的最佳工具仍是我們的免疫系統。在醫院、在家中，數百萬人的免疫系統扛起對抗新型冠狀病毒的戰鬥主力，我們能做的就是給予現有的支持性應對，然後等待。而且，當疫苗發明出來、經過測試、核准通過，也一樣要透過免疫系統來發揮功效。

- 另一方面，許多新冠肺炎重症患者正苦於對病毒的免疫反應過度激烈的影響。他們的免疫系統似乎進入一種恐慌模式，對病毒的威脅過度反應，造成全身多種發炎問題。在這樣的情況下，負責治療的醫生努力要讓病人的免疫系統平靜下來，使它不至於強到令患者身體無法承受，但又要夠強，才能對病毒本身發動攻勢。這是要維持一個微妙的平衡，我們在全書會好幾次談到這個重點：免疫系統太「強」未必是件好事。免疫力的關鍵概念是平衡，以及不斷自我調節，但有時這種平衡會被破壞，陷我們於不利之境。這種情況可能發生在任何人身上，世界上根本沒有什麼完美的免疫力。

- 最後，容我說句樂觀的話：**這是我們贏了**。當我們看到數十

萬人死亡、數百萬人生病，以及人們的生活和生計所蒙受的損害時，很容易就會忘記這一點，但請試著將這幅勝利遠景銘記在心。我們大家正在經歷焦慮窒悶的禁足防疫，面臨醫療器材和領導者的一片混亂，這段動盪不安的時期會繼續延伸到模糊而不確定的未來，充斥著財務困難與情緒風暴。這一切，就廣義上來看，都是人類正在努力做好應對流行病。

比起過去幾世紀或甚至幾十年前我們處理流行病的方式，現在全球能進行快速、明確、全面性的反應。病毒被辨識出來了，它的特點在幾天之內就傳達至世界各地，而不需花上幾個月或幾年（一如過去的情況）。科學家、醫護人員和決策者幾乎立即動員起來。檢疫、隔離程序、檢測、公眾傳播，整個國家預防性全面封城。驚人的是，離第一起確診病例才三個月時間，科學家們已經在研發疫苗了！要是發生在兩個世代以前，當街上屍體橫陳時，我們所有人恐怕都還在埋頭苦想，搞不清楚正在發生什麼事，猜測會不會跟供水方面有關。這曾經發生過，當時的情況便是如此。

可以肯定的是，人類的反應並非最佳表現。我們應該更有所準備；應該要多聽那些預見疫情人士的話；國家的行動應該要更迅速、更果斷；科學家們應該要講得更清楚；政府機構應該更積極關閉賣野味給那些有錢笨蛋的野生動物市場；老師和作家們應該更適切地教育大眾，讓眾人早一點認真看待，而不是加以輕忽，或散播愚蠢謠言和無稽建言。這些都沒說錯，而

且還可以說更多。但考量到我們都是不完美的人類，而且這樣的我們在地球上有七十億，所以看到大家的共同反應其實令我感到相當振奮。這次防疫動員拯救了數百萬生命，而我們永遠不會知道有多少。

這場大流行病很嚴重，非常嚴重，但我們正在做正確的事，而且一般來說，做得相當好（除了美國政府是值得注意的例外）。

我希望你們喜歡這本書。祝大家健康。

伊丹・班－巴拉克

二〇二〇年五月

# 致中文讀者

　　這本書談的是西方概念下的免疫學——它是什麼，它是如何工作的，它是如何演化、發育而來的，它是如何被發現的，以及未來可能會出現什麼。

　　我知道還有別的方式來思考免疫學，比如中國傳統醫學實踐背後的理論。我也知道——而且非常清醒地知道——我對中醫的思考模式知之甚少，如果我竟不自量力地來探討這些理論，無異於班門弄斧，只會貽笑大方。

　　但是我會這麼說：隨著我們的世界聯繫得越來越緊密，在過去可以獨立發展的不同的思考與實踐模式，在今天，不可避免地會發生接觸。比如，世界衛生組織今年六月剛剛發布了最新的《國際疾病與相關健康問題統計分類第十一次修訂版》（International Statistical Classification of Diseases and Related Health Problems, 11th Revision），簡稱為ICD-11，這個數據庫是全世界醫生和健康從業者的參考標準。目前，ICD-11正在測試階段，將於二〇二二年生效。第十一次修訂版裡新增了一章，專門討論東方傳統醫學的症候與模式分類——在之前，這是沒有過的。

　　正如我在引言裡所說，這不是一本健康指南。如果你哪裡不舒服了，請諮詢醫生。我感興趣的問題是，當有著根本差異的思維模式與實踐相遇並展開互動的時候，會發生什麼。它們會彼此競爭嗎？會拒斥、整合、雜交、平衡？還是以上都有？在身體試圖維持健康的過程中，所有這些動態變化在隨後

的章節裡都會出現。不遠的將來，人類又將如何保障自身的健康呢？

伊丹・班—巴拉克

二〇一八年十二月三十日 *

＊ 編按：本文最早刊於本書簡體中文版，重慶大學出版社，二〇一九年

# 引言

· 世界如此凶險，我們為什麼還沒死掉呢？
· 從免疫系統的角度，比較完整地呈現生命與環境的關係

當我們環顧四周，目力所及之處，皆潛伏著無數細菌，它們伺機侵入我們的身體，試圖從溫暖宜居的環境、可口的蛋白質和豐富的能量來源裡分一杯羹。由於肉眼無法看到這些微生物，我們也許會忽視它們，但是電視裡的清潔劑廣告和新聞報導卻時刻提醒我們，在門把上、超市推車上、電腦鍵盤上、廚房流理台以及枕頭上，到處都有它們的身影——疾病離我們只有一步之遙。如果只聽倡導衛生人士的話，你也許會覺得，世界如此凶險，我們能活下來真是個奇蹟呢。

沒錯，這的確是個奇蹟。這個精采絕倫、錯綜複雜但也會惹出麻煩的奇蹟，就是免疫系統。本書說的就是它。不過，先做一點澄清：本書不提供任何健康指南，不會教你如何減肥節食、如何讓秀髮更亮麗，不會傳授青春永駐的祕訣，不會讓你冬天少得流感，不會幫你支付信用卡，也不會幫你提高學習成績。我自己對所謂的「有用訊息」有點過敏，因此在本書裡能不提就不提。我最喜歡免疫系統的原因之一，就是它不需要我們的關注也能正常工作。它在私底下悄悄地運行，像是一位默默無聞的清道夫，只有出亂子時才會引起你的關注。

如果你真想知道養生的不二法門，答案就是：吃好，睡好，多運動，適度飲酒，不抽菸，不抽大麻，接種疫苗，不要太在乎乾不乾淨。如果你還想知道更多細節，請移步在地書店或圖書館的「健康」專區，那裡有浩如煙海的書籍供君閱覽。

說到閱讀本書的好處，我希望本書能時不時讓你開懷一笑（臨床表明，多笑笑有益健康），甚至幫你理解幾樣事情，並對它們有一點更深刻的認識（其實這可能對你不見得是好事）。僅此而已，抱歉。

事實上，你對免疫學的理解已經相當不錯了。是的，沒開玩笑，你不必否認，從你呼吸的方式我就看得出來。即使你一下子想不起來抗原和抗體的區別，記不清細胞激素有什麼作用，你的身體仍然很清楚誰是誰、誰在做什麼、要去哪裡，也知道之前發生過什麼、下一步又要做什麼。如果你的身體不是非常精通免疫學，你可能早就死掉了。就這麼簡單。

但是，我們為什麼還沒死掉呢？

任何開放性的問題往往都有不只一種答案。顯然，一種回答是，你還沒死掉是因為你沒有被行進中的列車撞到，或者沒有被紛飛的子彈擊中，等等。但是，這些回答偏離了本書的主旨。我關注的是疾病——畢竟，我們大多數人最終都會死於疾病——特別是傳染病；我的問題是，既然世界上有這麼多可怕的疾病可能會降臨到我們身上，但我們大部分人不僅活著，而且還活得健健康康的，並沒有躺在病床上苟延殘喘——這到底

是怎麼回事？

　　當然，這個問題也可以從幾個層面來回答，本書的各個章節對此做了嘗試。縱觀全書，我希望這些回答能從免疫系統的角度，比較完整地呈現生命與環境的關係。

　　本書第一章給出的回答是：「我們還沒死掉，是因為我們每個人都有免疫系統，你看，它有好幾層防線來抵禦感染。」然後我會簡要地回顧一下免疫系統有哪些組成要素，它們的運作機制又是怎樣。

　　這很好，一定程度上能夠滿足我們的好奇心，但是只說一句「我們有它，就是這樣」在某些情況下不會令一些人滿意（比如警察、稅務官以及我們的父母）。他們還想知道，我們是怎麼一開始就有它的。因此，第二章給出的回答是：「我們還沒死掉，是因為免疫系統從我們還是受精卵的那一刻起就開始緩慢地發育，在內部和外部各種刺激[1]的輔助下，變成了今天的樣子。」母親對這個過程貢獻很大一等你讀完這一章，你會以一種全新的眼光看待母嬰關係。話先說在前頭嘍。

　　第三章的回答由此更進一步，從個體的層面拓展到物種演化的範疇。在大多數教科書和暢銷的健康指南中，我們的免疫系統往往被呈現為「它就在那裡」，似乎人類一直就有它。暢銷書籍也許會試著告訴我們如何保證它正常運轉，醫學書籍會

---

1 刺激，一個美好的、聽起來無害的小詞，對不對？稍後你就會知道，它所指的內容可能相當噁心。

教導專業人員如何應對免疫系統不工作的情況。充其量，一本書會描述一番免疫系統在我們一生中的發育狀況。這很好，是常識途徑，也無可厚非。但我想，我們可以稍稍開闊一下視角，所以，第三章的回答是：「我們還沒死掉，是因為我們的免疫系統已經演化了數億年，從我們的祖先還是一個小不點動物的時候開始，透過與周遭的（而且也在不斷演化的）環境進行互動，我們的免疫系統逐漸形成。」

也許我還可以接著說：「我們還沒死掉，是因為一百四十億年前宇宙誕生了，然後⋯⋯」但是，這就把「免疫學」的概念扯得太遠了，即便是最不著邊際的闡釋也不至於此。因此，第四章採取了不同的視角來看待我們為生存和健康所做的努力，回答是：「我們還沒死掉，是因為人們在不斷探索疾病、健康和免疫的機制，而且不斷有新的發現，這使得人類可以控制疾病，降低死亡率。」

當然，關於這個問題，顯然有一個更合適的回答──早在人類對健康和疾病有任何瞭解之前，我們就已經在繁衍生息了──但是，如果你縱觀人類歷史上的死亡率，毫無疑問，如果不是由於醫學的進步，特別是藉由抗生素和疫苗 2 來對抗傳染病，今天的大多數人恐怕都活不下來。我會對免疫學歷史上一些有趣的進展、辯論和錯誤（嗯，是的）進行細緻的分

---

2 如果你碰巧是抵制疫苗運動的死忠成員：你好，最近還不錯吧？現在，請把書合上，放回書架，然後走開。不要回頭。繼續閱讀本書對你我沒有任何好處。你也許認為我是個被洗腦的傻瓜，或者被大型醫藥企業收買了，隨便你怎麼想吧。祝你平安。

析，回顧我們的認識是如何成為今天的模樣——當然，這遠遠不是最終定論。

當寫下這些文字的時候，我正坐在墨爾本的一家圖書館裡，步行幾分鐘就是沃爾特和伊麗莎・霍爾醫學研究院（Walter and Eliza Hall Intitute），弗蘭克・麥克法蘭・伯內特（Frank Macfarlane Burnet）曾在此工作多年。從一九四九年起，他在這裡發展出了免疫系統辨識「自我與非我」的概念——這是一個解釋力很強大的框架，主導了免疫學的後續發展，他也為此榮膺一九六〇年的諾貝爾生理學或醫學獎。不過，「免疫自我」的概念現在受到了新發現和新問題的挑戰。免疫系統是否把它接觸到的所有物質都認為是「自我或非我」？我會在第四章裡談到伯內特的工作，但是，你會看到，與這個概念相牴牾的例子在本書其他章節也會出現。

關於科學研究的進步，第五章給出了更進一步的回答：「我們大多數人還沒死掉，是因為現在我們可以對彼此做一些之前做不了的事情來延續我們的生命。」我們會打針；我們進行器官移植；我們餵孩子，親吻愛人，打噴嚏時小心翼翼地避開他們；即使他們得了重病，我們也會告訴他們問題不大（他們也的確就感覺問題不大，但這個話題會引起很大的爭議，稍後再提）；如此等等。我們將會在第五章裡探討這些問題。

最後，作為尾聲，我會簡短地談談未來可能會出現的讓我們長生不老的技術。當然，前提是，我們能夠活到那一天。挺住。

第 **1** 章

# 相遇的時刻

本來,事情是很簡單的。

在遠古時代,疾病是諸神的旨意,或者是上帝的旨意,再或者──如果你是一個頭腦清醒、理智的、懂點醫學、在乎證據的人,你也許會認為疾病是源於人體內四種體液[1]的不平衡。「四體液說」聽起來有點道理,也很實用,容易診斷,方便治療。只不過,它完全錯了。

比起古人,我們今天的認識要進步多了,想必你也注意到了。稍後我還會談到這些進步,但是就目前而言,可以放心地

---

1 黑膽汁、黃膽汁、黏液和血液。

chapter 1

chapter 2

chapter 3

chapter 4

chapter 5

chapter 6

- 免疫系統分得出自我、胎兒、朋友和敵人嗎？
- 免疫系統如何對付從未出現過的嶄新的入侵者？
- 如果身體承受不起免疫系統的進攻？
- 免疫系統並不完美，但我們還是活到現在了？

說，人類對於疾病的機制和成因起碼有了一部分的理解——而且就目前我們所理解的而言，疾病的機制和成因並不簡單。假如古代的某位學者穿越到今天，閱讀現代的醫學教科書，他最感到吃驚的可能是我們現在對健康與疾病的理解是何其複雜，簡直匪夷所思，令人抓狂。人們不再談論魔鬼、神意或膽汁過量，取而代之的是細菌、病毒、毒素、自由基、白血球、抗原、抗體、細胞激素、趨化激素、主要組織相容性複合體、V(D)J重組、高度變異抗原結合位點和CD25+調節T細胞……真讓人眼花撩亂。

更麻煩的是，有些疾病是藉由遺傳或者傳染引起的，還有些疾病是身體自身的運作出了問題所導致，更多的疾病則是由上述

多種因素共同導致的。比如，有些癌症是會傳染的（我會在第五章裡提到），或者，你可能會因蚊子叮咬而染上瘧疾——除非你的基因組裡碰巧有一些特殊的遺傳突變，讓你生來對這種疾病具有免疫力，等等。我們瞭解得越多，似乎就越難以界定疾病。

我們假想出的這位古代學者，讀著今天的醫學教科書，也許不免會疑惑：人體生病的機制為何如此複雜？罪魁禍首是一種看不見的病原體，但是還得透過另一種生物體，有時候是透過另外兩種生物體，迂迴曲折地在人群中傳播，這一切究竟意味著什麼？

「除非用演化的眼光來看，否則生物學中的一切都沒有道理。」——遺傳學家狄奧多西·多布然斯基（Theodosius Dobzhansky）曾在一篇著名的文章中如是寫道。對於生命世界中令人難以置信的複雜性，查爾斯·達爾文（Charles Darwin）[2] 提出的演化理論是唯一令人滿意的解釋，因此，免疫學家已經把演化視角用於自己的研究領域，來理解為何免疫系統成了現在這個樣子，以現在的方式工作。我稍後會談這一點。

與此同時，我也遇到了一個問題。這個問題，所有試圖表達「該主題非常複雜」的作者都會遇到，那就是，僅僅說「這很複雜」並沒有傳遞任何有效的訊息，反而顯得作者比較懶。另一方面，本書是寫給諸位讀者閱讀的——也許你是對免疫感興趣的普通讀者，也許你是興趣廣泛的學生。但這不是一本教科書，雖然事無鉅細地詳述種種細節會讓你體會到免疫系統的複雜性，但現在的讀者已經不能容忍這樣的文字了，要是那樣寫，即使是我也會把這本書丟回書架，再也不

---

2 別忘了阿爾弗雷德·羅素·華萊士（Alfred Russel Wallace），如果達爾文沒有成為達爾文，華萊士就會是另一個達爾文。

去碰它。

那麼，我該怎樣傳達「免疫系統很複雜」這層意思呢？

我們不妨轉換一下思路：與其告訴你免疫系統很複雜，不如讓你親身體會一下，為了活下來，我們究竟需要一個多麼複雜的免疫系統。現在，請準備好一枝鉛筆和一本筆記本，試著回答這個問題：你將如何設計一個系統來保護身體不受傷害？

要構思這個複雜的免疫系統，你需要考慮到很多因素。首先，這套系統需要保護生物體不受外部生物的入侵或蠶食。有鑑於此，一頭衝向你的公牛可能會引起你「戰或逃」的生理反應，但這跟免疫系統並沒有關係。[3] 同樣地，被鱷魚吃掉也不屬於免疫系統的管轄範圍，因為鱷魚是從外部進攻並直接把你吞掉。但是，如果有一種非常微小的鱷魚，能滲入你的身體，鑽進你的血液或者五臟六腑，在那裡安營紮寨、大快朵頤、繁衍生息——這就屬於免疫系統的管轄範圍了。這種微小的寄生鱷魚，就成為免疫系統需要對付的諸多入侵生物之一。

其次，免疫系統主要的任務不是應對有毒物質（它會發揮一點作用，但肝臟才是解毒的主要場所，而肝臟這個器官不屬於免疫系統[4]），所以你只需要考慮生物類的物質，比如細菌、寄生蟲和病毒（以及它們釋放的許多物質）。正如你所知道的那樣，你的周圍到處都是微生物，時刻不停地想要入侵你的身體，所以你需要慎重對待它們。但是除了感染性的生物，免疫系統也會辨識並消滅身體裡的癌細胞。而且，你並不會排斥一切外來的物質——我們攝入的食物、呼吸的氧氣都可以毫不費力地進入我們

---

3 如果公牛真的撞上你了，那麼免疫系統會遇到無數有趣的挑戰。
4 肝臟不屬於免疫系統，但肝臟內有免疫細胞、免疫因子，也具有免疫功能。——譯者注

的身體。我們每一個人，一開始都寄居在我們母親的子宮裡，受到了友好的對待，因此你時不時還得需要準備好孕育胎兒，不讓免疫系統失去控制對胎兒發起攻擊。除此之外，我們的身體裡也時時刻刻有上萬億個細菌在生活著，它們主要生活在我們的腸道和皮膚裡。因此，你設計的免疫系統必須能夠時時區別自我、胎兒、朋友和敵人。

再者，它還需要進一步區分開不同的敵人。雖然它們被籠統地稱為病原體（Pathogen，一個由兩個希臘字構成的詞語，意思是「疾病的始作俑者」），但是病原體與病原體的區別可能很大，大到不亞於病原體跟我們的區別。細菌是一種微小的、獨立的單細胞原核生物體；原生動物同樣是獨立的單細胞生物體，但是它們和我們一樣，都是真核生物，這就使得區分人體細胞與原生動物（在殺死後者時又不傷害到人體自身）格外困難。另一方面，病毒根本沒有細胞結構；它們實際上就是一團包裹在蛋白質外殼內的遺傳物質（核酸），為了複製，它們必須進入宿主細胞，從內部挾持它，迫使它放棄原來的功能，成為一個生產病毒的工廠。然後還有多細胞的寄生蟲（比如蛔蟲）和真菌感染，除此之外，還有上文提到的人體自身的癌變細胞，它們失去了自我控制，野蠻增殖——任其發展下去，就會形成腫瘤。

免疫系統不能用一成不變的方式應對所有這些病原體，因為它們是不同的生物，出現在身體的不同部位，身體必須區別對待。在血液、肺部或是其他地方遊蕩的細菌，必須跟入侵宿主細胞的病毒區別對待，也必須和腸道裡的蛔蟲區別開來。免疫系統面對的挑戰在於，要對每一種威脅做出針對性的反應（在針對所有這些疾病尋找處方、疫苗或是治療方案時，醫學科學家面臨同樣的挑戰）。

所以，免疫系統必須能夠準確地辨識出各種各樣的有害生物，並做出針對性的反應。[5] 那麼，你知道有什麼好辦法？如果

它能夠記住曾經遇到過的病原體，並把它們的資訊一一備案，然後，下次如果再遇到，就可以快速反應了。同時，它需要準備好對付那些先前從未遇見過的入侵者，因為，生活裡少不了意外。另外，它還需要準備好對付那些在人類歷史上從未出現過的嶄新的入侵者，因為病原體也在不斷演化。它還需要考慮經濟成本，讓身體能承受得起。它還不能添太大的麻煩，因為身體還需要維持自身的運轉，但是每一次它又需要快速做出免疫反應，否則身體就完蛋了，因為病原體往往都複製得特別快。

鑑於上述所有這些考量，當你匆忙記錄下設計要點、計算大致財政預算和人力成本之後，你可能也發現了，這個訂單可不太容易滿足。誠然，我們的免疫系統也不完美。有時，它應付不了了，我們就會生病，然後我們會康復；有時，挑戰過大，我們無法恢復；往往，免疫系統自己運行出錯或者過度反應，我們就會患上所謂的「自體免疫疾病」。儘管如此，大多數人，在大多數時候，對於免疫系統受到的挑戰都能應付無虞——在我看來，這已經非常值得驕傲了。我們的免疫系統是不是很棒？不妨自豪地拍拍你的胸口吧，胸腺就在那裡哦。

---

5 當我們說某某是病原體的時候，我們的意思是，它會讓我們生病——你看，我們命名它們的方式不是根據它們是什麼，而是根據它們對我們做了什麼。這是一種糟糕的生物分類方式。不同的生物可能會引起幾乎完全一樣的疾病；某一種細菌可能完全無害，但它的一個近親卻會讓你吃盡苦頭。我們的免疫系統，永遠的實用主義者，也在不停地想辦法區分有害細菌和無害細菌。

# 看不見的元素

**如果免疫系統不工作了，醫生所能做的，就只有對環境進行消毒了。**

---

　　什麼，你不知道胸腺在哪裡，不知道它究竟是幹什麼的？沒關係，不必太內疚。免疫系統的分布比較廣泛，它的器官和功能往往位於體內奇怪的角落；[6]難怪人類過了很久才意識到「哦，我們原來還有這麼一個器官」。

　　換個角度來思考：如果心臟不能正常工作了，醫學提供了心律調節器和心臟移植；如果肺不能工作了，你可以裝上一個呼吸機；腎臟不工作了，可以進行血液透析；四肢出了問題，可以換上義肢；聽力不好，可以戴上助聽器；視力不好，可以佩戴眼鏡或者進行雷射矯正；肝臟不好，我們也可以移植（雖然目前我們還造不出人工替代品）。雖然大腦和神經系統目前還不能替換，但是外科醫生還是可以操起手術刀，做很多卓有成效的工作。

---

6 我仍然記得自己第一次驚訝地瞭解到，相當一部分的免疫系統（以及紅血球的合成場所）發育是在骨髓裡。「有沒有搞錯，你竟然把它放在了骨髓裡？搞什麼鬼？」你看，這就是我對演化理論最大的不滿，它只會告訴你，事情就是這個樣子，你一點法子都沒有。

　　然而，如果免疫系統不工作了，我們沒法進行移植或者替換。我們可以注入藥物、增強劑和疫苗，但是，所有這些干預措施都必須經過免疫系統自身的處理。除了骨髓移植，我們無法對免疫系統的任何部分進行單獨替換或移植。在不借助患者自身免疫系統的情況下，醫生所能做的，就只有對環境進行消毒了。

　　免疫系統包括不同類型的分子、細胞、組織和器官，它們分布在身體的各個角落，維持著彼此之間以及與身體其他器官之間的複雜關係。免疫系統的執行機構在身體內時刻不停地巡邏，觀察著任何風吹草動。[7] 我沒有打算一一列舉這些元件，但是我們不妨觀察一下整套系統是如何運作的，這對我們會有啟發性。也許我們可以嘗試換個角度來體驗一下免疫系統。

---

7 人們在描述感染與免疫的時候，往往會使用一些軍事詞彙——身體是一個戰場，成群結隊的細菌擅自闖入，遇到了免疫細胞的頑強阻擊，云云。這些類比順手拈來，也有些用處，但是它們也有一些嚴重的缺陷，所以我會盡量小心地對待這些戰爭的譬喻。退一步講，即使我們用「戰爭」的思維來看待免疫系統，按照我們現在對免疫系統的理解，它主要包括情報戰、反情報戰、阻斷通訊設備、不傷害平民、擾亂對手、偽裝、設置誘餌、欺詐、兼顧後勤，等等，而不是像傳統戰爭中的地面部隊在戰場上肉搏廝殺。在這個意義上，我們可以說，現代的戰爭型態終於趕上我們古老的免疫系統了。

# 病菌眼裡的免疫系統

**當一個病原體可真是不容易，它們的生存機會非常低。只有那些經過了重重考驗依然活著的病原體才有可能進入人體，它們有理由感到自豪。**

要開始免疫系統之旅，我們不妨把自己設想成病原體，從它們的角度來感受一下免疫系統。當然，這個思路免不了要打一點折扣，因為即便我們努力想像病原體是如何感受環境的（這一點也不盡然，因為我們的日常生活與腸道寄生菌的生活差別太大了），一個微生物在進入人體的時候會遇到無數看似不相關的威脅，都可能要了它的小命。所以在行進的過程中，我會不時停下來，解釋發生了什麼。我也會提到，不同類型的病原體會引起不同的免疫反應。好了，我們開始吧。

現在，有一個細菌，它剛剛遇到了人類宿主——讓我們跟緊它。大多數細菌根本不在乎人類；它們不會來煩我們，甚至不理會我們。不過，少數細菌卻極為擅長在人類組織中生存繁衍，它們甘願為了它們選擇的生活方式而承擔隨之而來的風險。[8]對那些僥倖攻克了人體防線的細菌而言，人體為它提供了極為優渥的資源——幾乎無窮無盡的食物，和溫暖、穩定的環境，細菌需要的一切這裡都有。

細菌可以從任何地方進入人體，但是很可能第一個接觸點是皮膚——嚴格說來，皮膚也是免疫系統的一部分，因為它為

人體提供了一道由多層細胞組成的可靠的物理屏障，而且大多數時候都能有效抵擋病原體入侵。許多細菌只能走到這裡，然後要麼放棄就此死去，要麼在皮膚上安營紮寨，靠著我們分泌的油脂和它能找到的一切營養生存。有時候，它們會讓皮膚起疹子或者導致皮膚感染，但是正常情況下，它們跟無數生活在我們皮膚上的細菌擠在一起，不會給我們添什麼亂子。不過，一旦皮膚出了問題——傷口、微小的切口、擦傷、蚊蟲叮咬、燒傷，都會成為病原體溜進身體的入口。

另外一種常見的進入方式是通過口腔。一些入侵者會直達肺部和呼吸道的其他部位；另外一些則會到腸道裡去碰碰運氣，要知道，腸道裡本來就有無數熙熙攘攘的細菌，它們被稱為人體的「菌群」或「共生細菌」；還有一些會試圖沿著人體消化系統的黏膜上皮細胞進入人體內部。

還有一些細菌會瞄準人體的下半身，有些會試圖通過泌尿生殖道進入，這真可謂是「富貴險中求」，但是它的優勢是便於在人與人之間傳播。對某些離開人體就無法存活的病原體來說，這很重要（一個著名的例子是愛滋病毒〔HIV〕），因為它們必須等到現在的宿主與另外一個人有身體接觸的時候，才

---

8 不消說，細菌跟稍後要談的其他病原體一樣，是沒有心智功能的。微生物不是人，它們無所謂「善惡」，不會「渴望」什麼東西，也不會「學習」或者「計劃」。這些詞彙屬於人類，或者起碼是有真正大腦的動物。一個微生物不會做判斷，沒有善惡感，也不會思考。它就是它，就是那樣活著，以特定的方式對環境作出反應。最近有人提出，一群微生物會表現出一定意義上的「認知」能力，但這是另一個話題了，此處暫且不表。

有機會傳播到下一個宿主。

當一個病原體可真是不容易，它們的生存機會非常低。只有屈指可數的幾個能夠抵達目的地，絕大多數都死於入侵的途中：還沒來得及跟人體接觸，就死在了地上、牆上、海水裡，或者某人的手帕上；死於外界環境中不適宜它們存活的溫度，或者皮膚上危險的化學物質，或者胃裡的胃酸和腸道裡的消化酶（酵素）；死於其他已經寄居在人體內的細菌（因為要競爭食物，有時也被直接攻擊），它們對這些新來者可沒什麼尊重可言。腸道菌群甚至會向人體揭發病原體，並向腸道表面的細胞發出化學信號，使它們收縮，讓病原體難以進入。

那些活下來的細菌仍然可能會被腸道裡的菌群擠走，被尿液（如果它們試圖走這條路徑的話）或淚液、唾液沖走，或者被纖毛（肺部和呼吸道內皮細胞上類似毛髮的細微構造）趕走。

只有那些經過了重重考驗依然活著的病原體才有可能進入人體，它們有理由感到自豪，並向依然健在的同伴們，發表一番類似莎士比亞劇作中亨利五世向他的軍隊發表的「我們，我們這批佼佼者」的勝利演說。但是微生物才不幹這些事情。不過，就像亨利五世的軍隊，這些病原體的麻煩才剛剛開始。

現在，細菌穿越了上皮細胞的物理屏障，它馬上會遇到憤怒的先天性免疫系統，這包括許多種細胞和分子，在自然選擇的作用之下，它們演化出了許多辦法來消滅入侵者。從病原體的角度看，這簡直就是刀山火海：酶和小的抗微生物胜肽分子會蠶食細菌的外膜；另一類蛋白質（我們叫作「補體系

統」）會黏附在細菌表面，並在此集合，形成「膜攻擊複合物」，在細菌表面穿孔。如果這些細菌僥倖逃過了它們的攻擊，還有一些專門辨識細菌的蛋白質會黏附在細菌表面，把它標記出來，供好幾種獵食細菌的細胞（我們稱之為「吞噬細胞」）食用——它們會把細菌整個吞下去，再用內部強大的化學武器來分解它。

　　有一種吞噬細胞叫作「巨噬細胞」，它不僅能吃掉細菌，也會分泌訊號分子，促進「發炎反應」。這會使感染部位的血管舒張，細胞更易滲透，同時招集其他吞噬細胞趕來救援。對細菌來說，這意味著會突然出現更多想要消滅它的細胞。沒錯，人體內的細胞真的會從牆上爬出來（血管壁現在更容易滲透了）追殺細菌。

# 病毒與輔助自殺

**人體是依靠細胞之間的信任才能正常運行的：一旦細胞受感染或者受重創無法修復，身體就會「期待」它發出信號。**

　　如果病原體是病毒，而不是細菌，它會盡最大努力入侵宿主細胞，並逃避免疫系統，因為免疫系統也會辨識出病毒，並拉響警報。身體會釋放抗病毒物質，未被病毒感染的細胞會提高警惕，嚴陣以待，那些已經感染病毒的細胞則會自殺——這種天然的過程叫作「計畫性細胞死亡」，也叫「細胞凋亡」。

　　人體是依靠細胞之間的信任才能正常運行：一旦細胞受感染或者受重創無法修復，身體就會「期待」它發出訊號。在大多數細胞的表面，都有一種叫作第一型MHC的分子，一旦細胞被病毒感染，第一型MHC分子就會與特定的胜肽（即蛋白質的小片段）結合，告知免疫系統：它們被病毒感染了，「求助！求助！我被感染了！請馬上殺死我！」——於是免疫系統就來了卻它的心願。

　　受感染的細胞進行這種有秩序的自我毀滅幫了免疫系統一個大忙，因為猛烈的、爆發式的死亡反而會把病毒顆粒釋放出來，而不會消滅它們——我們可不想那樣。不過，有時候病原體也會滲入細胞，劫持這套標記系統，避免MHC分子發出警

報[9]：結果，感染性疾病會繼續惡化。[10]

　　為了進一步確保這些感染了病毒的細胞被徹底消滅，特化的「自然殺手細胞」會攻擊並摧毀這些感染細胞。

---

9　當遠行的船上出現疫情的時候，它們會掛起特殊的旗幟，告訴岸上的人「本船正在隔離中，請保持距離」。黃熱病之所以如此得名，就是因為船上懸掛的是「黃傑克」：一面黃色的隔離旗。

10　如果這套系統被失去了自我控制能力的細胞劫持，就可能會引起腫瘤。

# 更高級的滲透策略

**對於免疫系統的每一種防禦策略，總有一些病原體能躲開、摧毀它，甚至反過來利用它。**

　　經過這幾個回合（大約幾個小時），我們可以比較確定，一個正常的、健康的免疫系統已經有效控制住了一次規模不小的感染。[11] 如上所述，大多數微生物是由於偶然因素才進入人體的，免疫系統的很大一部分工作就是盡快把這些不速之客驅逐出去，以免它們繁殖之後造成麻煩。

　　不過，有些入侵者可謂來者不善。入侵人體是這些病原體的營生，它們配備了必要的工具，也有不錯的身手。比如，結核分枝桿菌（*Mycobacterium tuberculosis*）被肺部的巨噬細胞吞噬之後，會欺騙巨噬細胞，以免被送到溶酶體裡。結核分枝桿菌可不想進入溶酶體中，要知道，溶酶體是「一個流動的、充滿了酸性溶液的腔室」，它是巨噬細胞分解其獵物的場所，相當於巨噬細胞的胃，細菌一旦進入就會猝死。

　　對於結核分枝桿菌來說，它不僅可以躲過溶酶體這一

---

11 在某些情況下，身體可能對感染格外敏感——比如，當皮膚被大面積燒傷，致使身體失去了保護的時候，人體的免疫系統會變得格外脆弱，以至於本來不那麼危險的細菌由於其數量之多也會讓免疫系統崩潰。

劫，而且會在巨噬細胞裡獲取營養並增殖，將獵手變成它的獵物。當它們增殖到一定程度，耗盡了細胞的資源，細胞破裂，細菌就會繼續傳播。這種情況下，身體就難以阻止它們了，這也是結核病如此折磨人的原因。

其他病原體也有類似的詭計。事實上，對於免疫系統的每一種防禦策略，總有一些病原體能躲開它、摧毀它，甚至反過來利用它。免疫系統用到的幾乎每一種交流訊號都可能會被阻斷、被破壞、被擾亂：有一種鏈球菌會從周圍蒐集細胞分泌的蛋白，避免讓人體辨識出它們的細菌身分；瘧原蟲會躲到血液的紅血球裡；HIV會攻擊T細胞[12]（稍後會展開討論），破壞人體的免疫反應。砂眼披衣菌進入細胞之後，會阻止細胞發出受感染的訊號。奈瑟氏淋病雙球菌（*Neisseria gonorrhoeae*）會分泌一種蛋白分子來促進細胞的免疫抑制——這實際上相當於傳遞出一個虛假的安慰訊號，阻止免疫系統發動必要的攻擊。

每一種險惡的病原體都有獨特的策略來操縱免疫系統——否則它就算不上險惡了。如果它們很容易搞定，三兩下就被免疫系統制服，我們可能就不會聽說有肺結核、瘧疾、愛滋病、披衣菌感染或者淋病了。

---

12 這有點像是一個小偷專門去警察局偷東西，而且屢屢得手。

# 嗅出哪裡不對勁

**每一位科學家，或早或晚都會認識到這一點，對我們來說，從課堂上學到總比投入研究時學到要好。**

讀大學的時候，我上過一門課，叫作「微生物學重大進展」。在這門課上，每個學生都被隨機指定各自閱讀一篇微生物學領域的經典論文，並在課堂上做一個簡短的彙報。幾乎每一篇論文都發表在十年之前，我當時以為，十年前的古董有什麼意思呢？[13] 所以當我發現分給我的那篇文章才剛發表幾年的時候，我非常高興：就像剛剛出版！而且發表在大名鼎鼎的《自然》期刊，還有比這更美妙的事嗎？它的主題是類鐸受體（TLR），它們是免疫系統相關細胞上的分子。這篇論文表明，TLR2（一種叫作類鐸受體 2 的分子）負責辨識細菌表面的脂多醣（LPS，它出現在大多數細菌表面，非細菌細胞表面則從來沒有）。因此，當 TLR2 偵測到脂多醣時，可以基本上確定有細菌溜進來了，該做出免疫反應了。

至此，一切很好。我讀了論文，總結了它的發現，然後，

---

13 現在，有些科學家認為五年前的研究基本上已經落伍了，以目前科學進展的速度，這是你能趕上不斷積累的數據的唯一辦法。像許多學生一樣，我不加批判地接受了這種態度。當然，現在我沒有那麼幼稚了。

像每一個好學生那樣，我又追蹤了這個主題下的幾篇新論文，以便為我的彙報提供適當的背景和脈絡。這時，我就發現問題了：有些東西不太對勁，但我又說不清哪裡出了問題。其他論文裡報告的發現顯得很奇怪，跟我的彙報似乎合不攏。就這樣，我沮喪地過了幾週，直到最後終於弄清楚了困惑的原委：其他論文顯得奇怪是因為它們跟指定給我的《自然》論文直接矛盾！TLR2並不能辨識脂多醣——論文搞錯了。真正辨識脂多醣的是TLR4。當然，聽我這麼說，好像沒什麼大不了，然而，發現TLR4這個小小的事實正是二〇一一年諾貝爾生醫獎授予的內容。

現在我們知道，《自然》上的那篇論文不夠嚴謹。實驗使用的脂多醣溶液不夠純，被細菌的其他成分汙染了，雖然含量極低，但足以引起TLR2的反應。這門課的主講人，顯然是成心使壞，故意分給我們一篇出錯的文章，來說明科學論文並不都是正確的（但我當時太膽小了，沒有勇氣告訴他這個主意實在是太棒了）。

這篇論文可不是什麼地方小報上譁眾取寵的科學新聞，而是一篇發表在權威學術刊物《自然》上的嚴肅研究，但是，它錯了。研究論文，即使發表在頂尖刊物上，一樣可能犯錯，而且也的確犯過錯誤。每一位科學家，或早或晚都會認識到這一點，對我們來說，從課堂上學到總比投入研究時學到要好。

這個小故事，除了讓我學到了科學研究很寶貴的一個面向，也使我開始接觸到類鐸受體。事實上，這個故事像一個隱喻：類鐸受體，和其他類似的免疫細胞受體一樣，需要時刻保

持警惕，發現任何不對勁的東西，及時告知身體。否則，我們便會自縛手腳。

# 細菌看不到的東西

**透過整合來自不同受體的信號，免疫細胞可以分辨這些細菌片段的來源：破裂的死細菌，完整的死細菌，抑或是活細菌，再或是危險的活細菌。**

在前一節，我們談過了那些入侵人體的微生物會有哪些遭遇。不過，我們還沒有談到身體是如何識別它們，以及如何做出反應。先天性免疫系統必須能夠區分自身細胞和物質（它們有權利在身體裡逗留）與外來細胞和物質（它們無權逗留），並做出適當的反應。免疫系統還需要留意身體做出的更進一步的反應，並盡快把入侵病原體的種類和規模等訊息反饋給身體。

免疫系統內的一種關鍵元件是一批數量巨大、種類繁多的受體分子，每一個分子都有其明確對應的訊號。它們大小不一、形狀各異，但是，由於功能都是辨識病原體，所以被統稱為模式辨識受體（PRR）[14]。它們是早期預警系統。當外界病原入侵，模式辨識受體會首先識別出它們，並啟動初級免疫反應，這也會影響適應性免疫反應——稍後我們還會談到。

---

14 如果你不常閱讀科學論文，我猜你這時很可能仰天長嘆：「為什麼你們這幫人要用這麼多縮寫名？！你們不能取個正常點的名字嗎？」我想說的是，我能理解你的痛苦。相信我，專業的免疫學論文裡情況只會更糟。

曾經讓我感到特別困惑的TLR2，也是一種模式識別受體，它屬於重要的類鐸受體家族。人體內許多廣泛分布的免疫細胞都有類鐸受體，包括心臟的心肌單核球，皮膚內的血管內皮細胞，以及腸道的上皮細胞等等。

　　類鐸受體辨識的是一大類物質，它們具有如下特徵：一，只在微生物中出現，人類細胞中沒有；二，在許多微生物中都廣泛出現；三，對微生物的生存至關重要，因此，不允許它們出現「逃脫突變」（否則它們可以輕易地逃脫免疫系統的辨識）。真抱歉，又要介紹一個新的縮寫詞了，它描述的正是微生物身上會引起免疫反應的物質，統稱為病原體相關分子模式（PAMP）。

　　病原體相關分子模式可以是細菌（或病毒）具有而人類沒有的一切常見形式：它可能是細菌細胞壁上的一部分，或者是一段特殊的DNA，甚至是一個僅在細菌鞭毛上出現的特殊蛋白。其他哺乳動物、無脊椎動物，甚至植物也可以辨識同樣的病原體相關分子模式。不幸的是，它們不只出現在危險的病原體身上，體內的共生菌也有這些病原體相關分子模式，這就意味著，攜帶著類鐸受體的宿主細胞和他體內的菌群之間必定存在著某種物理屏障，或者其他的保護手段，來預防身體攻擊這些有益的細菌。

　　對於那些駐留在先天性免疫細胞表面的類鐸受體分子來說，一旦它們辨識到了病原體相關分子模式，就會向免疫細胞內發出一種訊號，使它啟動。接下來會發生什麼則取決於被啟動的細胞的性質。如果它是吞噬細胞，它就準備要追逐

並吃掉細菌；而其他先天性免疫細胞則會扮演其他角色。此後，事情開始變得更加複雜，為了閱讀的簡便，我將忽略一些細節（以及更多的名詞和縮寫），告訴你最精要的訊息：經過一連串的分子訊號傳遞，先天免疫系統的各個環節互相確認了：一，感染正在發生；二，感染發生的位置。[15] 於是，細胞和分子從四面八方趕來，開始忙碌地工作；其他的免疫細胞捕獲了從細菌身上分解或游離出的其他部分，奔赴淋巴結——在人體內有上百個淋巴結，分布在頸部、腋窩、胸腔、腹腔、鼠蹊部等處。在那裡，身體會確認感染的特性，並做出適當的免疫反應。

當你閱讀免疫學論文（特別是年代稍微久遠一點的論文）的時候，你會感覺先天性免疫系統好像是個「小丫頭」……倒不是說笨，而是有點簡單、不夠精確，有點太普通了。我不斷地談到，細胞和受體接收到了泛泛的訊號，並做出整齊劃一的反應，這足夠對付簡單的病原體了，但與此同時，它也為「真正的」免疫反應做好了準備——因為適應性免疫系統更成熟，也受到了更精細的調控。

但是，最近的研究暗示，身體可能比我們之前認為的要更微妙、更精巧、更有趣。看起來，透過整合來自不同受體的訊號，免疫細胞可以分辨這些細菌片段的來源：破裂的死細菌，

---

15 論其複雜程度、精細程度以及訊息的協同調節之微妙程度，能與之相提並論的大概是這個場景：一群十二歲大的女孩子剛剛瞭解到有一個男孩子向她們當中的一個女孩示好。

完整的死細菌，抑或是活細菌，[16]再或是危險的活細菌。[17]顯然，不同情況的威脅程度不同，也需要不同的應對方式。這個策略不壞。

---

16 吞噬細胞會吞食細菌細胞。它是如何判斷細菌的死活呢？回答是，根據它們是否在合成新的蛋白質。活細胞要合成新的蛋白質，需要先產生「信使RNA」（它是DNA上的遺傳訊息的攜帶者，包含了編碼蛋白合成的遺傳指令）。信使RNA會迅速執行任務，然後迅速分解。因此，信使RNA的存在是活細胞的良好表徵。

17 免疫系統就是這樣區分體內的「有益」細菌與外來的「有害」細菌，發現那些本來「有益」的細菌開始表現出其暗黑面（這比你想像的要更常見）。如果真是這樣的話，這就解答了一個讓免疫學家困惑很久的問題。但目前我們還不確定，還在研究之中。

# 適應性免疫系統

**適應性免疫是針對特殊病原體而專門產生的免疫反應。一旦被啟動，就會針對該感染發起極為精確的攻擊。**

　　我們目前所討論過的免疫反應都比較廣泛。身體覺察到了一些不對勁：有些不該出現的外源生物體出現在身體裡了，於是引起非特異性免疫反應。如前所述，一般情況下，先天性免疫反應足以擺平這些入侵的病原體，於是一切恢復正常。不過，如果入侵的病原體數量特別龐大或者非常狡猾，先天免疫系統應付不過來，那麼適應性免疫系統就要登場了。之所以叫適應性免疫，是因為它是針對特殊病原體而專門產生的免疫反應。

　　不過，從入侵病原體的角度看，情形則是這樣的：經過了幾天與先天性免疫系統一番辛苦的鬥爭之後，它們好像終於站穩了腳跟，準備安營紮寨繁衍生息了，然而風雲突變，形勢驟然惡化。不僅追殺它們的細胞比之前更多，而且它們賴以生存的人體體液中充滿了專門針對它們的蛋白質。對病原體而言，這些無情的攻擊會一直進行到它們徹底消亡。

　　適應性免疫反應需要時間。與快速還擊的先天性免疫系統相比，適應性免疫應對新威脅的反應相當慢，往往需要好幾天的時間，而不是幾個小時，更不是幾分鐘。

事實上，報警訊號很早就傳遞給適應性免疫系統了。一開始，先天性免疫系統透過訊號分子對感染的早期反應已經表明了病原體的到來；接下來，抗原呈現細胞（APC）抵達淋巴組織，帶著它們捕獲的所有能夠刺激適應性免疫反應的病原體——統稱為「抗原」。抗原呈現細胞的功能是向適應性免疫系統展示病原體片段，以便適應性免疫系統分析抗原，為特異性反應做好準備；於是，整個系統進入應戰狀態，一旦被啟動，就會針對該感染發起極為精確的攻擊。

不過，對免疫系統來說，重要的是在正確的時間啟動適應性免疫。對於微不足道的感染，適應性免疫系統顯得過於「勞民傷財」、小題大做。不僅如此，適應性免疫反應如果錯誤地向身體自身的成分發起攻擊，將會帶來災難性的後果。這就是為什麼適應性免疫細胞對程序的要求如此嚴格：一切訊息以及呈現的形式必須正確。它們需要從多個管道同時獲得確認——這有點像是獨立驗證——然後才會宣布身體進入緊急狀態。

適應性免疫系統主要包括兩種類型的白血球：B細胞和T細胞。它們也被統稱為淋巴球，這是因為它們主要分布在淋巴組織和淋巴器官裡。B細胞負責分泌抗體，T細胞負責其餘的各種工作。這兩種細胞都是高度特異的，每個T細胞或B細胞的細胞膜表面都有獨特的受體分子；就像每個鎖只能接受一把特定的鑰匙，每一個受體也只對一個特別的訊號有反應。

我們先來看一下T細胞：一般來說，T細胞都處於初始狀態——尚未完全成熟，等待被啟動。當先天性免疫系統無法控

制住感染，抗原呈現細胞把抗原呈現給「初始T細胞」（naive T cell），後者就會轉化成「效應T細胞」（effector T cell），就可以投入戰鬥了。

適應性免疫系統的一個重要特點是：不是所有的T細胞都處於啟動狀態。對於某個抗原，只有少數幾個初始T細胞可以特異性地辨識它，並被它啟動。這意味著，你的身體裡儲藏著無數種類型的T細胞，每一個都針對特定的抗原，而且在任何時刻，只有極少數的T細胞被啟動。事實上，在你的一生之中，大多數初始T細胞一直維持著初始狀態，並沒有被啟動。一種抗原呈現細胞（往往是樹突細胞）會在淋巴結裡「蹲點」，把抗原分子呈現給從淋巴液裡源源不斷經過的T細胞，有點像一個鞋店老闆在門口不斷地招徠顧客，而絕大多數T細胞的回應則是「抱歉，不感興趣」。

顯然，少數被啟動的T細胞不足以對付感染，但是，它們會迅速增殖──複製出大量相同的T細胞。然後，當數量達到一定程度，它們會進一步分化成幾種亞型：殺手T細胞或胞毒T細胞（負責殺死病原體）、輔助T細胞（幫助其他免疫細胞的攻擊進行定位，或者提供必要的指導）、調節T細胞（調控殺傷過程，避免失控）、記憶T細胞（記錄這次的遭遇，為下一次免疫反應做準備──稍後我還會詳談）。它們都會被釋放到血液裡來執行各自的任務，跟隨一系列的化學訊號來到感染部位。等到這時候，感染已經發生好幾天了。

現在，我們再來看看B細胞：它們的主要功能不是跟病原體近距離搏鬥，而是生產大量叫作抗體的大分子蛋白。每一個

B細胞，一旦像T細胞那樣被啟動並大量增殖，就會合成出一種特異性極高的抗體，分泌到血液或者受感染的組織。抗體會在血液中一直「漂流」，直到遇到特定的抗原，迅速跟它結合，並維持著這種結合狀態，阻斷病原體的活性。此外，由於每個抗體有好幾條「手臂」（少則兩條，多則十條，因類型而異），一個抗體有時可以同時結合兩個細菌。很快地，這就導致細菌與抗體黏在一起，形成了一團巨大的球狀物，它包含了許多已經奄奄一息的細菌，不久，身體就會把它清除掉。另外，抗體還有一個也許更重要的功能，就是在病原體上留下標記，以便先天性免疫系統來消滅它們。

顯然，這裡有勞動分工：細菌性病原體通常會被抗體辨識；而病毒，由於在細胞外存活的時間太短，與抗體接觸的機會較少，因此主要由胞毒T細胞負責處理，處理的方式跟我描述的先天性免疫反應非常類似：誘導受感染的宿主細胞自殺。

好吧，一個完全誘發的適應性免疫反應就是這個樣子。對身體而言，這代價非常昂貴，甚至有暫時的害處。對病原體而言，這往往意味著小命嗚呼；如果你現在沒有得病（或是患有慢性病，或者疾病處於潛伏期），那麼，你之前所經歷的感染都是這麼結束的。

一旦病原體被消滅，大多數免疫細胞也就沒有存在的必要了。它們很快就「解甲歸田」，不動聲色地自盡，只留下記憶細胞。

## 1-8
# 記憶與原罪

> 接種疫苗的原理正是透過第一次有控制地、儘可能輕地接觸病原體，形成免疫記憶，這樣如果遇到真正的病原體，身體就可以迅速有效應對。

　　適應性免疫反應的驚人之處還不只是它的特異性。事實上，我們的免疫系統還可以記住它的歷史遭遇。在適應性免疫針對感染產生的眾多細胞裡，有記憶T細胞和記憶B細胞。它們並未參與一開始的免疫反應，而是會在體內長久地活著，有時甚至維繫終生。

　　如果同樣的病原體再次入侵，就會被記憶細胞辨識，產生所謂的「次級免疫反應」，它比初級免疫反應啟動更快、效果更好。這也正是接種疫苗的原理：藉由第一次受控且儘可能輕地接觸病原體，形成免疫記憶，這樣如果遇到真正的病原體，身體就可以迅速有效應對。

　　人類留意到次級免疫反應的現象已有千年之久——古希臘的歷史學家修昔底德（Thucydides）早在公元前四三〇年就記錄過這樣的故事——而且幾百年來也在使用它，但是直到二十世紀，我們才對它的基本原理有了一些瞭解（第四章我們還會詳談）。當然，我們目前的理解還不全面。如你所知，許多疾病目前還沒有有效的疫苗。我們仍然在學習如何跟免疫系統溝通，讓它按照我們的意志去行動、覺察和記憶。

比如，我們對於免疫記憶的持續時間有了大致的瞭解，我們知道這跟特定的抗原和記憶細胞有關，跟身體是否再次接觸到該病原體有關，等等。於是，對於某些疫苗，我們需要施打「加強劑」，而另一些就不需要。但是直到不久之前，研究人員才發現，記憶細胞也有長壽和短壽的區別。感染後，短壽的記憶B細胞和記憶T細胞只在人體內存活幾週的時間（預防那些剛剛離開的病原體殺個回馬槍），而那些長壽的記憶細胞會存活幾十年。研究人員在設計疫苗的時候，也會考慮到這一點。

我們要談的最後一種效應（不僅僅是因為它的名字特別），被稱為「抗原原罪」（original antigenic sin）。比如，某人感染了流感病毒，然後康復了，並產生了針對這次感染的記憶細胞。後來，她又得了流感——但這次跟上一次的病毒並不完全一致，而是一種新病毒株（流感病毒會以驚人的速度突變）。她的記憶細胞辨識出了病毒外殼蛋白，並向它們發起了攻擊（這是好事），但與此同時，記憶細胞也會抑制免疫反應中產生新細胞（這是壞事，因為新的變異病毒可能攜帶了某些給人體造成麻煩的蛋白質，免疫系統目前並未意識到也沒有去認識它們，只是愚蠢地認為它已經什麼都知道了）。這種情況可能一再發生，也許直到某一刻，一個全新的流感病毒株來了，免疫系統沒有認出它是新的病原體，於是正常反應。

這是免疫系統可能出錯的一個例子，但絕不是唯一一個。

# 免疫系統的種種故障

> 免疫系統的過度反應是許多問題的主要原因：正常的身體
> 組織，往往會在免疫細胞追捕病原體的過程中遭到重創，
> 身體因此遭殃。

　　一個系統越複雜，它出錯的方式就越多，免疫系統也不例外。免疫系統要完成的任務非常多樣、非常精細，它出錯的方式也是五花八門。下面是簡要概述：

## 1.免疫病理學

　　對身體來說，即使是一個順利執行的免疫反應也有其代價。在免疫系統對感染反應的關鍵時刻，免疫細胞在追捕逃逸的細菌（它們以極快的速度分裂、複製），或者努力迅速找出那些已經感染了病毒的細胞，各種有害的酶和病原體的片段在體液裡流動，一些意外傷害似乎在所難免。事實上，許多情況下病原體本身並沒有那麼有害，免疫系統的過度反應才是許多問題的主要原因：正常的身體組織，那些「無辜的圍觀群眾」，往往會在免疫細胞追捕病原體的過程中遭到重創。對於慢性疾病，這種情況尤為嚴重，因為病原體非常善於躲藏，神出鬼沒。結果，免疫系統一再地發起攻擊，身體因此遭殃。

## 2.免疫缺乏疾病

　　當免疫系統的某個環節缺失了，或者不工作了，人體就會出現免疫缺乏疾病。有時候，這是一種遺傳疾病，源於某種基

因突變；另外一些時候，這是環境因素的作用。最著名的一個例子就是愛滋病（全名：後天免疫缺乏症候群）了，這是源於愛滋病毒攻擊T細胞，導致身體的免疫反應嚴重受損，從而容易引發其他感染。[18]

### 3.發炎

發炎反應之所以出現，是由於蛋白訊號召集白血球和抗菌物質來到感染部位，引起附近的血液和淋巴液[19]加速流動，以協助適應性免疫反應達到最佳效果。發炎反應是正常免疫反應的一部分，隨著免疫過程結束，它也會自然消退。不過，由於種種原因，如果發炎反應遲遲沒有消退，繼續引起疼痛和傷害的時候，這就有問題了。

### 4.自體免疫疾病

因為免疫系統有可能對任何東西發起攻擊，它當然也有可能攻擊身體內的任何分子和細胞。人體內有一種篩選機制，避免免疫系統攻擊自身（在第二章我會詳談），但是它一旦出錯，你就會患上自體免疫疾病。如果它攻擊的是胰臟中分泌胰島素的細胞，你就會患上第一型糖尿病；如果是其他的細胞類型，你就可能患上類風溼性關節炎、紅斑性狼瘡、多發性硬化症、自體免疫性肝炎、重症肌無力、克隆氏症……自體免疫疾病你可能也聽說過，因為它非常普遍。

---

18 「沒有人死於愛滋病，」一位教授曾經在課堂上告訴我們：「愛滋病本身不會殺死你；它只是打開大門，讓其他感染殺死你。」

19 淋巴液在淋巴管內流動，是心血管系統血管的配套系統。

## 5.過敏症

　　有時候免疫系統會過分敏感，對無害的抗原小題大做。比如，在演化史上用來對抗腸道寄生蟲感染的免疫反應，在今天可能已經沒有可以攻擊的對手了。

# 邊界地帶

人體邊界線上的這些檢查站會源源不斷地接觸到大量的
病原體和抗原。因此，也就有了位於身體與外界交界處的
黏膜免疫系統。

身體的某些區域更容易出現問題。雖然「常規」的（即系
統性的）免疫系統基本上是在完全無菌的環境裡工作，身體
的某些部位，為了執行其功能，不得不經常與外界接觸。食
物、水、空氣和陽光，需要進入身體；許許多多東西需要排出
身體。可以推想，邊界線上的這些檢查站會源源不斷地接觸到
大量的病原體和抗原。因此，也就有了位於身體與外界交界處
的黏膜免疫系統。

顧名思義，黏膜免疫系統的一個主要特徵就是它們布滿
了黏液，這些表面一方面足夠溼潤可以讓細胞得到充分的潤
滑，另一方面又足夠緻密、有黏性，使病原體難以穿透。人體
的許多部位都覆蓋著黏膜：僅腸道就有三百平方公尺，此外還
有眼睛、口腔、鼻腔和呼吸道。就細胞總數而言，這些黏膜免
疫系統實際上比身體其餘部分的免疫系統要更龐大。那些包含
免疫成分的部位深嵌在黏膜表層的紋理之中。它們不僅要對出
現的各種問題快速反應，而且需要蒐集訊息，追蹤後續可能發
生的感染。

黏膜免疫系統的元件跟我們之前談過的免疫系統基本類

似：先天性免疫系統和適應性免疫系統裡的所有細胞在腸道內壁和其他黏膜表面都有出現。它們形成了特殊的組織和結構，以一種半自動的方式運行，可能跟系統性的免疫反應沒有瓜葛，換言之，跟身體的其他部位沒有關係。

由於是在邊界地帶，黏膜免疫系統有一個特徵與眾不同。在身體其他部位，健康是常態，感染是例外，是需要做出緊急決定的重大事件。然而，對於黏膜免疫而言，接觸感染卻是常態，因此，它的應對策略也有所不同。如果允許我借用戰爭的比喻，把免疫反應比喻成全面戰爭（和平最後才降臨），那麼黏膜免疫系統就是先遣部隊在邊界線上時時刻刻進行的、不太激烈的衝突，跟平民群體的聯繫也更複雜，至於這裡是否存在真正的敵人，那就說不定了。

因此，正常的腸道內壁裡可能有啟動的T細胞在追逐感染細胞，也可能有成熟的B細胞向腸道內分泌抗體。如果是在前述的其他情形中，這就意味著身體正在遭受攻擊，於是徹底啟動適應性免疫系統；不過在邊界線上，這只是日常事件。這樣一種持續的免疫預警和免疫啟動狀態，本來可能意味著腸道一直都在發炎。幸運的是，調節細胞參與了進來，把免疫活動控制在合理的程度，維繫著長久而精細的平衡。

# 房間裡的十萬億頭大象[20]

> 我們的免疫系統和腸道菌群的關係比較複雜。它們有鬥爭、有合作、有協調,在互動中塑造了彼此。

在開始這一節之前,我要提前打個招呼,因為本節要聊的話題口味略重,我們要聊的是 ── 糞便移植療法(faecal transplant therapy)。

沒錯,這是一種貨真價實的治療手段,而且的確就像聽起來的這樣。這種療法可以追溯到一九五〇年代,但是最近幾年它又重新流行起來。我稍後會再談到這個話題。

現在先說手頭上的事情。我猜你可能聽過這種說法,但是我不妨再說一遍:據估計,生活在人體表面和人體內部的微生物的數量,與人類細胞的數量相當。提起微生物,我們往往會首先想到細菌,但是微生物還有其他類型,比如病毒。大多數與人共生的微生物都生活在腸道裡。在下一章,我會說起它們是如何進入腸道的,但是現在,我們先來看看它們是什麼。

我們腸道的細菌群落由大約十萬億個細菌組成,包括上萬

---

20 英文裡「房間裡的大象」指的是明明存在且影響重大但大家羞於啟齒的話題或事物,作者此處借指人體內的十萬億個細菌。 ──譯者注

個物種。這兩個數字在不同人身上可能會差別很大，且不說微生物還不僅僅包括細菌，所以，老實說，這兩個數字對我們來說意義不大。要點在於，在人群中，微生物群落的組成有極大的差異。你身體內的菌群跟我的不同，因為我們在不同的環境裡長大，吃著不同的食物，我們的免疫系統和閱歷稍有不同，等等。另一方面，菌群組成對我們的生活也有影響。幾年前，一個非常引人注意的研究表明，腸道菌群也會影響我們的體型胖瘦。

我們直到最近才知道這一點；在新一代DNA定序及採樣技術出現（而且變得廉價）之前，沒人知道這個生態系統有多複雜，而且坦白來講，也沒人關心它。對免疫學家來說，細菌就是敵人，腸道益生菌僅僅是一個小小的例外。但是現在，人們逐漸意識到，這裡有許多未解之謎，而且值得認真研究。

人類與菌群的關係值得大書特書。從免疫的視角來看，我們可以提出如下問題：這些細菌對我們的健康發揮了什麼作用，究竟有什麼影響？我們的免疫系統，本來是對抗細菌的，那它又是如何應對數量巨大的腸道細菌？免疫系統如何區分無害細菌與有害細菌？

目前，研究人員正緊鑼密鼓地探索這些問題，新發現層出不窮——但是，每一個人都同意，我們的認識才剛剛觸及皮毛。目前的階段性小結是：很明顯，我們的免疫系統和腸道菌群的關係比較複雜。它們有鬥爭、有合作、有協調，在互動中塑造了彼此。當一切順利的時候，它們會達到一種對雙方都有利的動態平衡。腸道菌群安居樂業，而且會與任何有害的病原

體競爭資源，使後者難以立足，[21] 從而呵護著我們的健康。

　　同樣清楚的是，當平衡被打破，各式各樣的問題可能就會出現。最新的研究暗示，我們的腸道菌群會多方面影響人類健康與疾病，比如糖尿病、心臟病、癌症、情緒與精神疾病……而且這份清單還在迅速增加，且不提慢性消化疾病、胃潰瘍和拉肚子，等等。這又把我們帶回到糞便移植的話題。

　　糞便移植的思路很簡單：如果某人的天然腸道菌群徹底崩潰，並引起了嚴重的問題，它就應該被換掉。顯然，如果我們把腸道菌群理解成一個器官（它其實相當大，成人腸道菌群的總重量大約是兩公斤），那麼剩下的事情就好理解了：我們需要一個健康的供體和一副灌腸套組。供體提供新鮮的糞便樣本，醫生用溫水混勻，再把它通過患者的肛門植入腸道。雖然聽起來相當噁心，但它的概念跟你每天喝含有益生菌的優酪乳沒有任何區別，而且這項操作可以非常有效地治療某些腸道疾病。我認為這是一件值得欣慰的事情。[22]

---

21 不過，我們也要知道，天然菌群裡的一些微生物也會「叛變」，變成致病菌，這被稱為「伺機性感染」。顯然，細菌沒有什麼榮譽感。

22 一個最新進展是，人們開始使用冷凍乾燥藥丸——外號「大便膠囊」——進行糞便移植。對某些症狀來說，這可能是個不錯的選擇。話說回來，我也知道有一些人已經開始在家裡自己動手嘗試糞便移植，所以，我下面這句話真不全是玩笑：拜託，請勿在家模仿。

# 第2章

# 發育的過程

你可曾經歷過孕婦分娩？

好，好，我明白你的意思，但我指的是除了你自己出生那次。

我自己經歷過兩次了：那就是我兩個兒子的出生。兩次分娩都非常順利，而且每一次經歷都很感動，令我難忘，並感嘆造物之神奇，有疲憊、有欣喜、有歡樂、有痛苦，混合了眼淚、血液和其他體液，有紅色、紫色

的不同大小和黏稠度的塊狀物，黑色的黏糊糊的東西撒得到處都是，再加上伴隨著一位母親從她的子宮裡擠壓出另一個完整生命的其他所有東西。分娩的確是一件神奇的事情[1]，但是你也不得不承認，通過這種方式把另一個人帶到這個世界上來，未免有點傻氣。想一想植物、昆蟲或者鳥類，老實說，你不會看到它們因

繁殖後代而痛苦好幾個小時。

在本章中，我們把目光轉向免疫系統的早期發育過程，探討其中一些更有趣的面向。免疫系統是如何從無到有、逐步成熟的——事實上，免疫系統的發育並非始於嬰兒呱呱墜地的那一刻，而是在出生幾個月之後一個比較模糊的時間點上。

但是，首先，請跟我一道向

---

1 我對整個事情的結果也非常滿意。試舉一個例子：我的大兒子丹尼爾，在他四歲的時候，創造了一個新的數字Drillion，他把它定義為1後面跟著Drillion個0。每次當我想起這個數字的時候，都感到有點頭暈目眩。

天下的母親們表達感激之情：各位母親，雖然妳們並不完美，但是在孕育地球上每一個人類的時候，妳們都經歷了許多痛苦。我讚美妳們。同時，也讚美妳們的免疫系統，在我們還是一團血肉模糊的細胞的時候，它們沒把我們誤認為是病原體，也沒有試圖把我們驅趕出去。各位母親，幹得漂亮。

# 孕婦 vs. 胎兒

**即使在今天，我們也不清楚孕婦容忍胎兒的生理機制。貌似孕婦與胎兒的關係裡有一些特殊而且非常複雜的事情。**

說來奇怪，人們早在十七世紀就開始嘗試輸血了。當然，最初人們並不瞭解血型或關於血液的其他基本事實，但他們已經開始把血液從一個人的身體輸到另一個人的身體裡，[2] 事實上，這無疑等於謀殺（現在眾所周知的ABO血型劃分是從一九〇〇年開始的）。人們嘗試了各種類型的實驗和手段：把一隻動物的血輸進另一隻動物，把動物的血輸進人體，把一個人的血輸進另一個人體內，等等。說得客氣一點，結果有好有壞，不過，在出現了一、兩例死亡事件之後，法國立法禁止了輸血。在接下來的一個半世紀裡，輸血幾乎銷聲匿跡。到了十九世紀，這項操作又重新引起了人們的興趣。時至今日，只要確保血型匹配，輸血就是安全的。

這就是血液的情況。相對來說，輸血比較簡單，但是要在人與人之間移植其他細胞或組織，就困難多了。隨著移植技術

---

2 在醫學史的這個時間點上，醫生對血液的功能知之甚少，事實上，血液循環才剛為人所知。當時通行的醫學手段是放血療法。在當時，只有極端分子才認為病人需要輸血而不是放血，他們因此飽受攻擊。

的進步，人們可以從供體那裡接受心臟、腎臟、肝臟，以及其他器官，但是受體會出現排斥。受體的免疫系統會馬上識別出一大塊外來物質進入了身體，並試圖反抗。即使移植的器官來自最匹配的供體，受體患者也需要接受免疫抑制藥物治療，來緩解它們對「入侵器官」的免疫排斥。通常來說，人體並不會輕易接納外來物質——在上一章裡，我描述了人體不接納它們的一些方式。

但是，即便我們知道了這些事實，直到一九五三年，才有人試著來認真思考懷孕這件事：在十月懷胎的過程中，孕婦可以跟肚子裡的孩子和平相處，似乎沒有什麼負面效應。[3] 顯然，孩子並不是母親的簡單複製品，他們的免疫組成也不盡相同——因為胎兒有一半的基因來自父親，因此遺傳重組之後產生了一個明顯不同的新個體。[4] 所以，問題是，母親如何容忍了體內的另一個生命呢？

我們的生殖策略（即「用一個人來孵育另一個人」）裡有許多未解之謎，這不過是其中一個較不明顯並且格外難解的問題而已。事實上，即使在今天，我們也不清楚孕婦容忍胎兒的生理機制。我們知道，母親依然會對所有其他的外來物質產生免疫反應，我們也知道胎兒並沒有與母親的免疫系統在生理上完全隔離，受到特殊庇護。貌似孕婦與胎兒的關係裡有一些特

---

3 這個人是彼得·梅達華（Peter Medawar），他進行了移植免疫學方面的開拓性工作。
4 現在還有捐卵和代理孕母，這意味著，胚胎可能跟孕育他或她的母體沒有任何基因上的關聯。

殊而且非常複雜的事情。

這可能早在受精之初就開始了。從那時起，母親的身體就開始逐漸習慣父親的基因。[5]在懷孕的早期，發育中的胚胎就與母親的子宮開啟了複雜的對話。胚胎不僅躲在胎盤背後來逃避母親的免疫反應，而且還分泌一些分子用來針對性地防禦母親的免疫細胞，因為後者更危險。母親的自然殺手細胞和T細胞在胎盤外盤旋，但是它們並不是為了殺死胚胎細胞，而是轉入調控模式，開始釋放出抑制免疫反應的訊號，並確保胚胎安全進入子宮（同時促進胚胎的血管生長，這對胎兒來說是好事）。同時，胚胎細胞也不會表達第一型主要組織相容性複合體分子，以逃避免疫監視（有些感染病毒也使用這種策略來逃避免疫監視和攻擊）。此外，母親的免疫系統接觸胎兒的蛋白質並開始學著容忍它們。

除此之外，母親的免疫系統也會受到廣泛且微妙的抑制——但不嚴重，因為孕婦仍然能夠抵禦感染。整個免疫系統會下調一級。這也是為什麼有些女性的自體免疫疾病在懷孕期間會有所緩解。

目前我們的理解是這樣的：在不同類型的細胞和訊號的作用下，子宮成了免疫系統的特區（其他免疫特區還包括大腦、眼睛和睪丸），更少發生發炎。胚胎與母親的免疫細胞會進行活躍的對話，它們能在整個孕期和平相處。

---

5 母親的身體從父親的精液裡提取了部分樣品。大自然可不會大驚小怪。

當然，這個過程可能會出錯，而且偶爾也的確會出錯。當出現問題的時候，母親就會對胎兒發生免疫反應。在極端的情況下，這可能會導致女性不孕。在懷孕的早期，它可能會引起自然流產；在懷孕後期，這可能會引起一種叫作「子癇前症」的發炎反應，對母子都非常危險。

最後，說一件有點詭異的事情：胚胎細胞有辦法從胎盤中游離出去，進入母親的血液系統。之前有理論認為，這也許是為了下調母親的整個免疫系統，使它對胎兒的出現做足準備，這可能也是母嬰對話的一部分。但是，最近幾年，研究者發現事情可能沒有那麼簡單：有些胚胎細胞即使在分娩之後仍然在母親的血液裡逗留——事實上，可以在分娩之後存活數年，從免疫學的角度看，這真說不通。研究者發現，它們會出現在母親的許多組織裡——包括肝臟、心臟，甚至大腦——它們可以發育成熟，變成正常的肝臟、心臟或是腦細胞，留在母親體內。讓我再說一遍：由於我妻子生了我的孩子，她體內和大腦裡的一些細胞現在也有我的基因了。這被稱為母胎微嵌合。目前沒人知道為什麼會這樣。

# 骨頭機器

> 免疫系統的起點是造血幹細胞。這種類型的細胞可以分化成所有類型的血球。早在懷孕的第三週，造血幹細胞就開始出現了。

　　如果你聽過小妖精樂團（the Pixies），可能看出來了，這個小標題正是他們一九八八年發布的首張專輯《衝浪者羅莎》（Surfer Rosa）裡第一首歌的歌名。[6]這是我本人最愛的專輯之一，所以我驚喜地發現，其中的幾行歌詞不僅從文學上說得過去，科學上也很有道理。歌詞是：

「你的骨頭裡有一個小機器
你就是那個骨頭機器」

　　當然，現在我意識到了，「骨頭機器」可能有一點點性暗示的意思，但是我假裝沒看出來，而且我認為，我的解讀要更有內涵。

　　為什麼這麼講呢？我們來看看人類的生長過程：胎兒的旅程從受精卵開始，從一顆攜帶著訊息並蘊含潛力的細胞開

---

6 湯姆・威茲（Tom Waits）一九九二年推出的專輯也叫《骨頭機器》。不過，整張專輯給人相當黑暗的聽覺體驗。

始，但是除此之外別無其他，更談不上骨骼。細胞會不斷增殖，之後開始分化。人體日後發育出來的所有系統，都可以追溯到這個卑微的起點。

免疫系統的起點是造血幹細胞。這種類型的細胞可以分化成所有類型的血球。早在懷孕的第三週，造血幹細胞就開始出現了，位於胚胎卵黃囊裡；在接下來的幾週裡，它們會遷移到肝臟和脾臟中；到懷孕晚期，它們就來到骨髓裡，並在此安營紮寨，在我們的身體裡不斷增殖。因此，骨頭機器不斷地製造出新鮮的血球，替換掉老去的細胞。這些幹細胞開始分化，發育成免疫細胞的前驅細胞（不成熟版本）。然後，它們會離開骨頭，遷移進入血液，向目的地出發。一個造血幹細胞是要發育成紅血球、自然殺手細胞、T細胞，還是其他各種類型的細胞，都取決於它從環境中接收到的訊號。

與此同時，我們的免疫器官也開始形成，為免疫細胞日後成熟並發起免疫反應準備好場地。免疫細胞的早期發育，主要都是在初級免疫器官（即免疫系統的工廠）中進行的。T細胞之所以被叫作T細胞，是因為它們是在胸腺[7]中由前驅細胞發育而來。那B細胞呢？你也許會認為B細胞來自骨髓——它們的確是來自骨髓，但是B細胞得名於雞體內的一個淋巴器官：法氏囊（bursa of Fabricius），因為最初B細胞是在這裡發現的，而人體裡並沒有這個器官。

離開了初級免疫器官，那些尚未完全成熟的細胞會進入次

---

[7] 位於心臟前方。現在你知道它在哪裡，以及幹什麼了。

級免疫器官——脾臟、淋巴結、扁桃腺，以及其他分布在身體重要區域的某些特化組織，比如腸道內壁或者鼻腔。免疫細胞會在這裡落腳，並出現各種免疫反應（包括上一章裡討論過的抗原辨識、免疫細胞複製和交流）。此外，還有三級免疫器官，它們更小，在感染部位由免疫細胞臨時聚集起來，一旦感染結束，它們就會散去。

如果你好好觀察一下細節，你就會意識到，這個過程無比精細，不過，在發育生物學裡，這並不意外。一個正常運行的人體裡滿是晝夜不停、刺耳嘈雜的對話聲[8]——就好像每個細胞都要對身邊其他的細胞頤指氣使，再打一個更極端的比方，就像一個精神病院裡住了一群精神病人，每個人都認為「只有自己是正常人，而且是這裡的管理人員」。一個尚在發育中的人體就好像是這群精神病人從零開始建設這個精神病院（胎兒細胞的增殖、分化），而且還是在一個現存的精神病院中開始這項工程（在母親的子宮內），但在某個時刻，整個建築案還要搬出去（分娩的過程）。這樣說起來，發育中的免疫系統並沒有什麼特別。

不過，其中有幾個面向仍然值得注意。

---

8 跟小妖精樂團的歌不無相似之處。

# 有備而來的瘋狂

大多數淋巴球整天無事可做，只是在身體的血液和淋巴液裡循環流動，等待著事情發生，然後死去，隨後一批新的淋巴球出場，開始新的循環。

　　想像一下，你穿行在漫長的甬道，在無盡的黑暗裡轉了一圈又一圈，你不斷觀察，不斷等待，一直在尋找那個人——那個在你出生之前就被安排好了的人，這是你存在的終極目的。在你的身旁，是無數的同類，都在甬道裡尋找各自的命中註定之人。許多的人匆匆路過，新人源源不斷地進來，幾乎沒有人如願以償。對許多人來說，這個命中註定的人根本不存在。如果你果真僥倖找到了這個人，你要盡一切可能殺掉他。

　　這聽起來會是不錯的科幻懸疑電影劇本，扣人心弦、險象環生。不過，這其實是日常現實。

　　正如我在前一章所述，你的身體需要保護自己不受外界入侵，因此，它製造了一系列的淋巴白血球（B細胞和T細胞），每一顆細胞都興奮地揮舞著一個獨特的抗原受體分子，這個蛋白分子安插在細胞表面，可以從上百萬個抗原決定位中針對性地辨識出唯一的一個。身體遵循的邏輯是，在未來，從某種入侵身體的病原體身上，細胞會辨識出這種分子組合，而我們屆時會準備好的；嗯，沒錯，我們會的。當一個抗

原受體分子碰巧遇到這個特殊的抗原決定位（由抗原呈現細胞提呈過來），它就會向細胞內傳遞一個訊號，然後細胞會衝向淋巴結，因為在這裡，身體才能最充分地釋放它的怒火，發起適應性免疫反應。一旦身體從其他系統再次獲得類似的訊號，確認了感染正在發生，細胞就會以極快的速度製造出更多的複製品（這個過程稱為複製〔cloning〕——沒錯，這就是這個名詞的來源）；隨後，這批複製大軍就會出動，追蹤並摧毀入侵者。

然而，這樣的遭遇幾乎不會發生。新出現的、無比險惡的病原體上的新抗原很難侵入我們的身體。大多數淋巴球整天無事可做，只是在身體的血液和淋巴液裡循環流動，等待著事情發生，然後死去，隨後一批新的淋巴球出場，開始新的循環。這個系統的冗餘程度非常之高；儘管如此，這仍然是抵禦新型威脅的最好辦法。細胞並不會判斷外來物質是否危險，因此身體必須持續進行這種似乎毫無意義的事情。然而，一旦急需時派上用場，長久的付出就得到了回報。如果你沒有這套適應性免疫系統，一旦某個感染病菌突破了先天性免疫系統，它們就會肆虐。

哦，等等。

你發現這裡有什麼問題了嗎？還是說，許多地方都有問題？

# 如此隨機

> 無數的受體註定都是無用的：能夠與它們結合的抗原在自然界中也許根本不存在，或者並沒有出現在病原體的表面——這就是面面俱到的代價。

　　先來說第一個問題。我們現在比較確定，人類的基因組裡包含了大約兩萬個基因（比一開始估計的十萬個要少）。一個基因就是基因組中的一個片段，它可以編碼一個蛋白質。[9] 一個免疫細胞的受體蛋白只能辨識出它對應的抗原決定位，這意味著，僅僅是為了合成這些蛋白質，我們就需要數百萬個基因。那麼，問題來了，只有二萬個基因的人體是如何製作出了幾十億種不同的組合？

　　在幾十年前，這的確是一個棘手的問題，當時的研究人員才剛剛弄清楚這套系統，發現人體淋巴球受體有如此多的類型——僅在B細胞裡，我們就有數以千億種組合。這使得人們重新評估「一個基因，一個蛋白質」的規律。免疫細胞似乎是個特例。[10]

---

9 關於基因，有一些相互競爭、互為補充的定義。就本書的主題，這個說法足矣。

10 從一九七〇年代末，研究者發現，許多「常規」細胞有多種花招來合成替代產物。有一種機制叫作RNA剪接（RNA splicing），我們現在知道，它在生物世界裡廣泛存在。

淋巴球會重排它們的基因。一個淋巴球跟你身體的其他所有細胞的DNA都是一樣的，但是它對那些編碼抗原受體蛋白的基因做了一些很詭異的事情。

讓我們來看看B細胞。像所有的免疫細胞一樣，它也是從骨髓裡的一個非常不成熟的造血幹細胞分化而成的。隨著它逐漸成熟，它的基因組開始發生變化：一些特殊的操縱DNA的酶開始靠近那些負責合成抗體的幾百個基因。這些酶開始切割DNA片段，把片段切出來，調換一下位置，也許再隨機加上或者刪除幾個DNA鹼基，然後重新結合起來——有時候相當草率，這進一步增加了隨機性——結果，基因發生了重排。

表面上看，這種重組過程[11]並沒有特殊的節奏或理由。酶切割的方式是隨機的，這是好事，因為這意味著基因重排也是隨機的。因此，每個淋巴球裡的這段基因組都經歷了獨特的重排，當細胞要合成抗原受體的時候，每個細胞都會閱讀它的DNA，並合成不同的受體。

當然，如果該重組機制完全隨機，那也是一件極其糟糕的事情。我們大部分的基因都需要維持不變，否則細胞就不知道該如何生存、如何工作。因此，這種重組過程侷限在基因組裡的少數多變區域，而且只在成熟的淋巴球中發生。這是一個嚴格調控的無序狀態。

---

11 自然界中有許多類型的DNA重組。這種叫作「V（D）J重組」，因為它涉及基因組裡多個區域的參與——多變（Variable）、多樣（Diversity）和結合（Joining）。

如果這還不夠，一旦細胞被活化，這部分基因發生重排的程度還會更加劇烈：如果一個B細胞遇到了它的抗原決定位，並遷移到淋巴結裡發育成熟，它會經歷更多的變異過程，這叫作體細胞超突變（somatic hypermutation）[12]，如此一來，分布在身體各處的成熟B細胞殖株[13]不會只分泌出一種單一的抗體，而是圍繞著一個主題形成一系列變異株。第二個階段的變異，比第一個階段的變異要更加細微：變異速率更快，但只在基因裡的某些特殊位點出現，從而產生一系列細微差異的受體。

第二個階段的意義是對抗體進行微調和優化：一旦出現一個特殊的抗原，免疫系統就會做出相應的調整來對付它。細胞抵達了淋巴結（以及其他B細胞聚集點），這時它已經抓住了一些抗原分子，並開始測試與它們的結合程度。一開始，B細胞與抗原之間的結合還有點不太穩定，因為最初的結合不夠精確——這並不奇怪，這些結合位點是隨機產生的，所以我們也不應預期它們一開始就完美地匹配。事實上，B細胞彼此還相互競爭與抗原分子結合。那些受體分子與抗原結合得更緊密的B細胞會捕獲更多的抗原。有了更多的抗原，它們也更有可能被T細胞篩選出來並進一步增殖，也會經歷更多的循環進行微調。與此同時，那些匹配得不夠好的B細胞則不會大量增殖，也不會經歷更多的修飾，或者就直接死掉。經過這個修飾的

---

12 順便說一下，T細胞裡就沒有這個過程。
13 到了這個階段，它們叫作「漿細胞」。

過程，幾天之後B細胞就可以產生與抗原結合得非常緊密的抗體。[14]

重組過程的隨機性，意味著該過程的大部分產物都會浪費掉。無數的受體註定都是無用的：能夠與它們結合的抗原在自然界中也許根本不存在，或者並沒有出現在病原體的表面——這就是面面俱到的代價。

補充一句，這個過程的一個正面影響是，知道了這裡的機制之後，我們就可以更好地來利用它。在過去四十年裡，研究人員已經使用並改造了這個「篩選然後增殖」的流程，製造出了各種抗體，這對我們非常有幫助。在第五章，我們還會談到它。

---

14 有些狡黠的病原體的對策是，經常性地（而且隨機地）改變它們的表面分子，使身體更難對付它們：一個病菌感染了，身體做出了反應，等到身體優化好了應對策略，並開始有效地打擊病菌的時候，一些病菌已經發生了變異，身體無法辨識出它們，於是它們躲過了身體的監視，並迅速增殖……開始了新一輪的循環。

# 在胸腺裡發生的（基本上）就留在胸腺

> 對大多數人而言，調控機制幾乎總是可以過濾掉所有可能會攻擊自身組織的淋巴球，因為後者是有害的。

我們已經談過了多樣性的問題，這就引出了第二個問題。不妨重新思考一下這無數的免疫細胞，它們幾乎可以應對外界入侵的一切東西。這些細胞可不是活在無菌的培養皿裡，它們在你的身體裡遊蕩，與人類細胞的各種生物分子都有可能接觸。

前面我提到過，大多數的受體分子都是無用的。有些受體不僅無用，而且可能有害。如果這些受體的確是隨機產生的，那麼這些免疫細胞——或者起碼是其中的一部分——為什麼不會攻擊身體的其他細胞？

事實上，這種情況時有發生，結果就出現了自體免疫疾病：免疫細胞把身體細胞表面的正常抗原決定位當成了病原體的抗原，於是發起攻擊，結果破壞了細胞，並嚴重阻礙了它們的功能。幸運的是，這只是例外情況——否則我們就活不下來了。我們之所以還沒有死掉，就是因為對大多數人而言，調控機制幾乎總是可以過濾掉所有可能會攻擊自身組織的淋巴

球，因為後者是有害的。事實上，這樣的細胞有很多：超過九十％的T細胞從未離開過胸腺；幾乎五十％的B細胞從未離開過骨髓。

淋巴球在成熟的過程中，一個必要的環節是接觸「自體抗原」：那些在身體細胞中經常出現的分子。如果淋巴球對這些自體抗原起反應，它們會進一步編輯它們的基因，變成調節細胞，變得失能（有點像「關閉」），或者，如果它們對自體抗原反應過於強烈，便會自殺。整個過程叫作免疫耐受（immune tolerance）。

胸腺和骨髓無法表達體內發現的一切類型的分子；不同類型的細胞會合成各種各樣的特殊分子──這也正是為什麼我們一開始會有許多不同類型的細胞。比如，我們可不希望肝臟裡的各種酵素在骨髓裡晃盪。因此，當淋巴球成熟時會經歷另外一輪篩選，然後才能離開它們各自起源的器官。一旦抵達目的地，它們也會跟「當地」的自體抗原經歷一番類似的篩選過程。

對於成熟的T細胞，還有一道額外的保護機制，抗原辨識如果沒有跟共同刺激訊號（co-stimulatory signal）一起發生，就會導致該T細胞受到抑制，這可能是因為遇到了自體抗原（雖然胸腺進行過抗原篩選了）。當然，還有更多的保護機制──坦白說，這些保護措施是如此眾多、如此複雜，以至於此處我無法盡述。更坦白地說，對於許多保護機制，我們目前並不瞭解。免疫調控的範圍之廣泛、程度之細微，令人歎為觀止。

因此，我們可以看到，身體辨識潛在入侵者的方式有點迂迴曲折：首先，它會經歷一個複雜的基因重排過程，使細胞表現出各種不同的受體。然後，為了保證質量，它會用一種近乎冷酷的方式摧毀大多數細胞，並持續監看剩下的細胞，以防它們對自身發起免疫反應。這聽起來的確有點荒唐，但它確實有效。

# 偶然的必然性

**病原體不斷在改變，而且變化得很迅速；我們的免疫系統必須有一定的靈活性才能應付這些變化。**

　　這種試誤過程之所以存在，還有一個更深層的原因：在本節中，我們看到了細胞會經歷一次DNA隨機重排的過程，然後被環境篩選；那些匹配得更好的就可以複製出更多，而那些匹配得不好的則不會。先是隨機突變，然後是篩選──這個過程是不是聽起來有點耳熟？

　　淋巴球經歷的正是演化的過程。當然，是一個有限的演化，因為結果只侷限於體內，不會擴散得更遠，但是基本的動態過程是一樣的。

　　表面上看，一種更合理的可能是，身體從一開始就產生了穩定的、固定數目的淋巴球，而且可以特異性地辨識現存的威脅。父母把他們抵禦現存病原體的能力傳給後代，就像呼吸、吃飯、看見東西一樣自然。事實上，如果整個免疫系統都是先天性免疫系統，那麼適應性免疫就沒有存在的必要了，也不會造成浪費，或是引起自體免疫疾病。

　　然而，我們體內的許多系統只有在特定的環境條件下才能正常運行。我們只能呼吸氧氣，而且是特定濃度的氧氣。如果氧氣不足或者過量，我們就有麻煩了。我們的肺不會使用

硫、鐵元素或者一氧化碳作為電子受體。我們的肌肉和骨骼只有在地球表面的重力場裡才能正常運作。[15] 我們的眼睛只能看到特定波長範圍內的光。我們的胃和腸道不能合成新的酶來消化石油或者棉花；我們需要攝入脂肪、醣類和蛋白質，否則就會飢餓。因此，這些系統不必經歷複雜的篩選過程，也不必時刻保持警惕。

但是，免疫系統從一開始就需要準備好應對一切東西——包括之前從未接觸過的東西。這是因為只有免疫系統需要對其他的生命體做出反應。一個孩子呱呱墜地的時候，他／她天生已經適應了地球上的物理和化學環境，但是還需要慢慢適應生物環境。氧氣和重力在整個人類的生命週期中變化並不大，但是病原體卻不斷在改變，而且變化得很迅速；我們的免疫系統必須有一定的靈活性才能應付這些變化。因此，免疫系統的演化能力正是為了應對日後的威脅。

---

15 長期在太空站工作的太空人們需要每天運動兩個半小時，才能維持骨質密度、肌肉質量，並保持血壓穩定。

# 就這樣來到人世

**我們很少在孩子一生下來就讓他們接種疫苗。嬰兒體內依然攜帶著出生前母親饋贈的抗體,這些抗體往往足以保護他們不受外界病菌的侵犯。**

從免疫學的角度看,出生是一個重大事件。在此之前,我們被包裹在母親的子宮裡,外界的病原體都無法進入。母親的免疫系統會幫我們對付感染;即使一些險惡的病原體能僥倖穿過母親身體的屏障,它們還得面對子宮和羊水中的抗菌分子。

現在,我們來到了世上,並吸進了第一口空氣——不僅僅是第一次直接吸入氧氣,也是第一次吸進外界的微生物。從此之後,它們會不斷進入我們體內。

我們是靠什麼來對付這些源源不斷的微生物呢?

胚胎的免疫系統需要為分娩之後遇到的挑戰做好準備。也許我們會認為理想狀況是讓免疫系統火力全開,讓寶寶一來到這個充滿敵意的環境就進入全面戰爭狀態,準備好對付世界上的各種微生物——但這種想法未免失之過簡。

首先,當寶寶還在母親子宮裡的時候,為了避免傷害孩子,母親的免疫系統「後退了一步」,與此類似,在出生之前,寶寶的免疫系統也需要維持相對和平的狀態,以避免傷害母親。但是,即使是在出生之後,孩子的免疫系統也需要處

於一種友善的學習模式中。寶寶出生後短期內接觸到的很多東西，只有少數是危險的；大多數都是無害的，甚至是有益的。事實上，一個蓄勢待發的免疫系統，遇到一丁點兒風吹草動就大動干戈，可能是一個壞主意。

每一位父母都知道，寶寶學新東西的速度非常快。寶寶的大腦仍然在生長、發育：時時刻刻都會遇到新的刺激，都在分析並儲存這些訊息，以供未來之用。與此同時，寶寶的免疫系統也在做同樣的事情，只是更加悄無聲息，自分娩伊始，它就進入了一個新階段：瞭解外部世界，並學著適應它。

在寶寶呱呱墜地的時候，他們體內也帶著來自媽媽的一份寶貴的禮物：抗體。在懷孕的中期和晚期，母親的免疫系統會蒐集自己體內的一系列抗體，運送進胎兒的血液裡，這些蛋白質會在孩子出生之後存活數月，保護新生兒不受感染。

這是好事，因為此時孩子的適應性免疫系統還很不成熟。如果確實需要，它也可以對感染發起免疫反應，但這種免疫反應不會很強，質量也不高。

另外一項從分娩中獲得的保護是一點蠟油：胎兒出生時都裹著一層蠟質，它被稱為胎脂（Vernix caseosa），拉丁文的意思是「像乳酪一樣的皮脂」。顧名思義，它看起來不是很美，摸起來也不是很舒服，但它是嬰兒從母親產道裡分娩的潤滑劑，也有保溫的作用（這對新生兒來說非常重要），避免寶寶的皮膚乾燥、皸裂，而且它還含有一些抗菌分子。這也是為什麼有些家長特地要求他們的新生兒出生之後不要馬上洗澡。

我們腸道和皮膚上茂盛的微生物群體，雖然對寶寶的健康有必要，但是它們並不是在出生之前就有的。[16] 這些微生物，實際上也是由母親提供的。通過順產生下的嬰兒，會在經過母親的產道時獲得這些微生物——這意味著，作為母親的另一個不為人知的角色便是讓你的孩子從產道和糞便[17]裡繼承這些微生物。與此相反，那些通過剖腹產出生的孩子會帶有完全不同的微生物組成，因為他們的腸道微生物主要來自周圍的環境。當然，在所有的孩子身上，這些微生物並不是一成不變的：孩子吃的東西，以及其他落進他們嘴巴裡的東西都會為腸道帶來新的微生物，等到孩子可以吃固體食物的時候，腸道微生物的組成也基本上穩定下來了。

在這些外界微生物入住的過程中，人體起碼要表現出適度的歡迎；因此，對細菌成分（比如脂多醣）做出的整體反應被弱化，否則源源不斷入住的細菌會引發急性發炎的狀態。[18] 皮膚和腸道中的先天性免疫細胞會研究這些新來的居民，並對訊息做後續分析，而黏膜免疫細胞也會開始跟這些微生物建立起固定的聯繫。

由於適應性免疫系統如此專注於自身發育與蒐集訊息，

---

16 最近一些證據表明情況可能不是那麼簡單——母親也許可以與子宮裡的胎兒分享一些微生物。這非常有爭議，但也非常激動人心。

17 再一次，大自然可沒那麼容易害臊。

18 有研究者推測，這很可能是壞死性小腸結腸炎的肇因，這是一種多發生於早產兒的嚴重腸道發炎——很可能是由於免疫系統對細菌的脂多醣過度反應造成的。

很自然地，先天性免疫系統在生命最初的幾個月裡就非常重要。它在防禦和蒐集外來抗原的第一道防線中發揮的作用（以及把外界抗原呈現給適應性免疫系統），此刻就顯得更加重要。我們在前面章節中提到的先天性免疫受體裡的類鐸受體家族，在這個階段尤為重要。它會接收訊號，活化這個細胞、去活化那個細胞，基本上對所有參與的細胞和分子發揮調控作用。

在接下來的幾週和幾個月裡，先天性免疫系統稍微平靜下來，適應性免疫系統則逐漸成熟，變得愈發活躍。順便說一句，這也是為什麼我們很少在孩子一生下來就讓他們接種疫苗：疫苗原本就是用來激發適應性免疫反應，並最終以記憶B細胞的形式留下免疫記憶。在最初的幾個月，很少有適應性免疫反應能被激發，即使能激發也無法高效運轉。

不過，這也只是原因之一。嬰兒體內依然攜帶著出生前母親饋贈的抗體，這些抗體往往足以保護他們不受外界病菌的侵犯。

# 敏感話題

> 當孩子吃母奶的時候，嬰兒的唾液也會被母親的免疫系統
> 吸收、分析，母親會對她自身沒有的疾病做出免疫反應，
> 並把相應的免疫細胞和分子餵給孩子。

母乳哺育。

呃，好吧，我們來聊聊這個話題。

當我一開始想到寫作一本以免疫學為主題的書時，我覺得
這個話題可能有點棘手，因為我是一個男人，而男人們在談到
乳房的時候多少有點傻。不過，讓我意外的是，這部分並沒有
我想像的那麼難寫。也許我終於成熟了一點，誰知道呢？

儘管如此，我仍然發現自己談到母乳哺育的話題時有些忐
忑，因為這不只是一個科學議題。人類哺乳的生物學意義只是
現代社會關於母乳哺育正在進行的諸多討論之一——此外還有
流行病學考量、經濟學意義、道德或宗教視角、倫理爭論，
以及女權主義視角和後女權主義視角。似乎人人都有一番見
解。

當然，對於以上議題我也有自己的看法，不過這只是我
的個人意見。本書開篇已經聲明過了：這不是一本健康指導
書。我的目的並不是告訴你該如何生活。現代生活需要兼顧各
種考慮與責任，為人父母、成立家庭有完全不同的境遇和不同
的考量。在本書裡，我只會討論與免疫學有關的方面……也許

這樣我會少許多麻煩。

現在我們知道，母乳不只是食物和飲料，還含有各種免疫成分。除了抗體，母乳中還包含各種各樣的免疫調節分子，它們的作用是減緩發炎反應，幫助刺激腸道中的免疫細胞與腸道微生物的「對話」，通過阻斷病原體獲得鐵元素和其他營養來抑制病原體的繁殖，甚至直接攻擊病原體。正如母乳中的營養成分會不斷變化，母乳中的免疫活性成分也會不斷變化。

在妊娠末期，母親的免疫B細胞開始從腸道和支氣管樹向乳房部位遷移，帶著母親的免疫記憶，特別是應對腸道和呼吸道病原的免疫記憶——這也正是新生兒最脆弱的兩個地方。這些細胞在乳房成熟，以便在孩子出生之後分泌抗體。

在出生之後的最初幾個小時裡，母親會分泌出初乳，這是一種獨特的、濃稠的乳汁，富含營養和免疫成分，並能夠幫助營造一種抵禦細菌的酸性環境。研究人員從最初幾天的乳汁中也發現了免疫細胞，它們大多數是先天性免疫細胞——包括可以對抗病毒感染的巨噬細胞——但也有一些T細胞。

只要孩子還靠母乳哺育，母親的乳汁就會不斷地向孩子輸送她的免疫記憶——既有過去的，也有現在的。隨著時間流逝，寶寶的免疫系統不斷成熟，乳汁對寶寶免疫力的幫助也會逐漸減弱。

要推斷出遙遠的演化史中乳汁的成分，殊為不易，但是研究人員通常都同意，幾億年前哺乳出現以來，乳汁中的免疫成分就存在了。哺乳器官的初始狀態，可能是某種類型的保濕腺體（兩棲動物的皮膚上仍有這些器官），它們最初的功能也許

是向卵的表面分泌液體以保持後者溼潤，避免降溫。我們也知道動物（包括人類）皮膚的腺體會分泌抗菌物質，因此抗菌物質很可能也是敷在卵表面的保溼劑成分之一。營養物質可能是隨後出現的。至於哺乳機制是如何變成今天這樣的，存在幾種可能性，但是鑒於哺乳機制起碼已經存在數億年了，在如此漫長的過程中任何變化都有可能產生。

現在應該很清楚了，分娩固然是一件極其重大的事件，但這並不意味著分娩之後母親就不再參與孩子免疫的事了。在一些文獻裡，你依然會看到「母嬰二元體」（mother-child dyad）這樣的說法，它指的就是這種母親和孩子尚未完全分開的狀態。如果寶寶出生之後接受的是母乳哺育（對歷史上的所有哺乳動物來說，這是不可避免的），母親和嬰兒會維持著這種免疫對話，持續數週、數月乃至數年：乳汁中的免疫成分不僅會幫助寶寶避免感染，而且會根據母親的免疫記憶指導寶寶免疫系統的發育。在這個階段，大自然似乎仍然認為母親和嬰兒生活在同樣的環境裡，因此母親的免疫記憶為孩子以後遇到的麻煩提供了良好的參照。於是，如果母親遇到過某種病原體，她也會把針對這種病原體的保護因子傳給孩子。事實上，這就相當於她扮演了孩子免疫系統的角色。

這種免疫對話是雙向的：母親一邊在向孩子講述，一邊也在傾聽。比如，研究人員發現，對一個哺乳期的孩子進行免疫接種，母親體內也會出現抗體。這又是怎麼發生的呢？

當孩子吃奶的時候，它從乳管（這是乳頭周圍非常細小的導管）中吮吸出乳汁。不可避免的是，嬰兒的唾液也會進入乳

管。[19] 一種極富吸引力的解釋是，這可能是一種交流的方式：唾液是一種複雜的物質，它的成分會透露關於身體的許多訊息；寶寶的唾液被母親的免疫系統吸收、分析，母親的乳汁也會做出相應的改變。母親會對她自身沒有的疾病做出免疫反應，並把相應的免疫細胞和分子餵給孩子。

最後，我們不要忘了，免疫力絕不僅僅是抗體和T細胞，母乳哺育還有更廣泛的意義。關於行為、情感狀態和免疫系統之間的關係，我稍後還會展開討論，但是在這裡，不妨先引用特拉維夫大學的生物化學家和生物資訊學家，雪倫·布蘭斯堡─扎巴里（Sharron Bransburg-Zabary）博士的一段話，她還是一位哺乳諮詢專家：

> 「它（母乳哺育）不只關乎生存。在當今社會，那些沒有得到母乳哺育的孩子很可能也會活下來、長大成人，特別是在西方社會，在發展中國家還不一定，但這是一個事實。人類寶寶需要母乳，這不只是為了存活，也是為了長得更好，充分發揮他們的潛力。我們希望盡可能減少在維持免疫能力上花的能量和資源，從而把更多的資源投向身體和大腦的發育。事實上，母親扮演了許多免疫的角色，她提供了自己的免疫成果和可靠的免疫環境，幫助孩子更

---

19 對這個描述，讀者當中也許有兩種截然不同的反應：第一種人的反應是，這太噁心了，孩子的口水居然進入母親的身體了；第二種反應往往來自父母，他們的反應就很淡然。只要你為人父母，照顧過孩子，你對唾液就不會那麼反感了。

好地發育。

當然，不僅母乳與免疫系統有關聯，壓力也能影響到寶寶的免疫系統。例如，寶寶哭泣時，不僅會消耗大量的能量，同時也會抑制免疫系統。我們知道，皮膚接觸會讓人放鬆，降低代謝速率，並保存能量。母乳哺育的行為全方位地給寶寶提供了一個茁壯成長的環境，對他們的免疫系統和整個身心都有益。作為諮詢專家，我們鼓勵那些即使哺乳有困難的母親也要多抱抱孩子，把孩子抱在胸口，增加皮膚接觸的時間。母乳哺育為此提供了絕佳的機會：讓孩子有機會接觸母親——或者父親——的皮膚，這正是問題的關鍵。它可以緩解孩子的壓力，有益於他們的身心健康。」

這就是我們這些哺乳動物演化出來的方式，用來確保下一代的防禦系統正常運行。它從我們還是一團小小的細胞團開始，直到我們五、六歲的時候才結束，那個時候，我們的免疫系統已經成熟了。

但是，免疫系統本身也要演化。很久很久以前，我們古老的祖先自己就是一團小小的細胞團。伴隨著人類的演化，免疫系統也在一起演化，一路保護著我們。下一章，我們就來看看這段演化史。

# 演化的歷史

我們不妨考慮一下那個非常險惡的病毒：感冒病毒。

它實際上並不是「一種」病毒，而是超過兩百種能夠引起類似症狀[1]的一系列病毒。但是，感冒病毒本身幾乎不會直接導致這些症狀。大多數的打噴嚏和流鼻涕都是自身免疫系統對這種幾乎無害的病毒做出的發炎反應。

雖然感冒的感覺很糟糕，但這還只是免疫反應出錯的相對無害的例子。更嚴重的一些，比如自體免疫疾病，讓不少人吃盡了苦頭。免疫系統對無害的感染

---

1 相信你知道是什麼滋味。

chapter 1

chapter 2

chapter 3

chapter 4

chapter 5

chapter 6

- 鯊魚真的有接近完美的免疫系統嗎？
- 無脊椎動物，甚至單細胞生物，它們也都有免疫力嗎？
- 為什麼免疫系統有時會縱放掉癌細胞？
- 太過清潔的環境會不會反而降低孩子的免疫力？

過度反應，甚至對環境中無害的物質過度反應，或者更糟的是，它受了誤導去攻擊體內的其他細胞。

這可能是由三個因素導致的。第一，現今大部分人生活的環境裡基本上沒有傳染病了。但是，在人類歷史上的絕大多數時間裡，傳染病是奪走大多數人類生命的罪魁禍首。我們已經採取

了一些措施來清除它們（稍後我們還會展開討論），這意味著，那些以前也許會死於鼠疫、肺結核、天花等疾病的人，現在會存活下來了，並有更多的機會患上自體免疫疾病（以及癌症、心血管疾病，等等）。

第二，我們的免疫系統已經在充滿病菌的環境裡演化了數千年，而這些病菌的突然消失（從

演化的尺度而言，這的確是突然的，因為只有幾代人而已）讓免疫系統陷入了混亂。

第三個因素也很簡單，但如果你不習慣用演化的思路思考，也許會發現有點難以接受。其實，我們對於免疫系統並不完美這個事實本不必驚訝；如果你這麼期待，那是你自己的問題。人類的免疫系統是緩慢演化的，除了變動不居的環境條件，並沒有受到任何其他因素的指引。免疫系統的演化目標是「夠好」，而不是完美。它的任務是，在不耗費太多身體資源的情況下，確保身體有相當大的把握順利度過嬰兒期、兒童期、青春期並進入成年，進而繁衍更多人類，如是生生不息。

當研究人員試圖回答免疫系統如何變成今天這副模樣的時候，他們並沒有太多的實質性證據可以依靠。因為免疫系統的組成，即使是較大的部分，也不像骨骼那樣是固態的，這為研究免疫系統的演化帶來了許多困難。它們較柔軟，而且容易變形，也不會形成化石，因此，化石紀錄不會提供任何關於我們祖先免疫系統的證據。我們無從得知它們以前是什麼樣子，只能從現存的其他物種裡尋找旁證，這是我們唯一的依靠。我們可以仔細觀察不同系統之間的異同，從而對共同的祖先做出最合理的推演。通過這種方式來發現事實並不容易，我們目前得到的面貌並不完整，而且在可見的未來也依然如此。即使是我們自身的免疫系統，我們仍在探索、發現它的組成成分與工作機制。而對其他物種免疫系統的研究，我們目前也只是知道皮毛。儘管如此，我們當前瞭解到的內容已經非常具有啟發性了。

在演化的過程中，我們跟其他物種漸行漸遠，各自在不同的環境下發育出了不同的體型，形成了不同的生活方式，當然，也形成了與此配套的各不相同的免疫系統。我打算重新追溯這個演化的進程，做一次時間旅行，探討不同物種的免疫系統：它們是如何應對感染的？它們的防禦系

統跟我們的有哪些異同？不同系統之間是否有共同特徵？

（劇透提醒：沒錯，存在共同特徵。）

稍後我們會談及關於免疫與演化的一些更有趣的面向：免疫逃脫（病原體試圖躲避宿主的免疫反應）、衛生假說（hygiene hypothesis，試圖解釋為什麼在目前更乾淨、更安全的世界裡，過敏的人越來越多），最後，我還會談到行為免疫——生物體藉由改變行為，而不是藉由抗體、殺手細胞或者我們討論過的任何免疫機制，來應對感染。

# 陽光，並沒有那麼特殊

我們不妨上溯幾十萬年：爬行動物和鳥類的免疫系統是什麼樣的？它們和我們的區別何在？

---

大約十五年前，我選修了一門電腦程式設計的課。我至今也不知道怎麼會選這門課，因為我之前從未設計過程式，之後也從來沒有過。不管怎麼說，課程的期末作業是，我們兩兩配對，自擬題目。我的搭檔羅恩和我想到了一個主意：我們來設計一個有點類似演化的遊戲，你可以扮演上帝，創造出一個假想的物種，可以決定關於它的任何參數（它有多大，是否能飛，是否有毛），然後我們讓它在遊戲裡自由活動，在它的環境中生活幾百萬年（在虛擬空間裡），再看它的表現如何——這時，你可以對這個物種進行修改（這是遊戲中的演化部分），然後重新讓它自由活動。

我們花了幾週的時間來設計這個遊戲。羅恩做了大部分的程式設計工作，而我負責遊戲的規則設定，並負責當助手（羅恩現在已經是英特爾公司旗下的一個團隊領導人了）。最終，我們提交了一個可以運行的程式，也就沒再管它了。十年之後，一個叫作《Spore》的遊戲上市了。它的基本理念與我們的遊戲類似[2]——但也有一些重要的區別。其中最明顯的區別是玩家一開始設計的物種是一個單細胞生物，它需要

生存、演化，進而發育成更複雜的生物體，這樣才能解鎖晉級。再往後玩，你的物種會有智力，能建立社會，並進行太空旅行。僅僅維持在單細胞狀態，或是只在你自己的小池塘裡活動，都無法使你贏得遊戲。

這個遊戲進階背後的邏輯也被稱為向著特定目標的演化，換言之，演化進程多少有一個終極目標。它的目標通常就是智能生命，這相當迎合了人類的虛榮心，因為人類碰巧就有智能，這意味著，演化的整個要義就是製作出人類！

（當然，我猜還有黑猩猩、大猩猩、海豚和章魚。）[3]

雖然這麼想可能有一定的吸引力，不過，演化其實並不是這樣發生的。抱歉，我並不是要詆毀《Spore》這款遊戲；就遊戲而言，它不算差，而且沒有理由要求一個電動遊戲百分之百地符合科學原理。[4]但是，我們要知道，在這個公平的地球

---

2 當《Spore》剛出來的時候，我有一種很奇怪的感覺，就像你看到別人跟你有同樣的點子——而且別人徹底把它做成了。這種感覺不是妒忌（除非你也在為你的點子而努力工作，而我顯然沒有）；它是一種確認感——嘿，這的確是一個好主意呢！好棒！——但也有一點點失望，因為真正的產品並沒有完全達到你的想像。我的大腦有一部分很煩人，因為它堅持認為《Spore》不如我們的版本那麼好，雖然實際上我們的版本根本不存在。哎，都怪大腦。

3 這種思路還有一個更廣泛的版本，叫作強人擇原理（strong anthropic principle），它的要義是：宇宙之所以是這個樣子，是為了產生人類；證據就是你我出現了，不是嗎？當然，這很荒唐；真相是，宇宙的存在是為了你，沒錯，你的出現。你其實一直都在暗暗這麼猜想，對不對？

4 遊戲開發人員花了相當大的功夫設計「物理引擎」軟體，確保符合物理原理，卻很少有人在乎生物學原理——這大概反映了我們這個物種的某些特點。

上，絕大多數生物甚至都沒有演化出脊椎，更談不上智力，但一樣生存繁衍。同樣地，我們對自己超乎尋常的適應性免疫系統大書特書，但是它也非常昂貴、複雜，而且需要時間去發育、成熟。大多數物種都沒有費這些力氣來演化出真正的適應性免疫系統，而是選用了一些更廉價的替代選項將就著過。目前，主流免疫學者的觀點是，我們的先天性免疫系統反映了我們更早期的演化過程，而複雜、具特異性的適應性免疫系統是哺乳動物後期才發育出來的「第二梯隊」。因此，我們在那些更「低等」的生物體中可能找不到如此複雜的免疫機制……

當然，大自然並不一定按照我們的期望行事。即使是那些我們視為「原始」的生物體，比如細菌或者無脊椎動物，也像我們一樣活到了二十一世紀，這意味著，它們和我們一樣經歷了地球上億萬年的演化──而且，如果我們用幾世代而不是用幾年來算（就演化而言，這樣更有道理），這些生命形式有一個顯著的優勢，因為它們的壽命更短，它們比我們經歷了更多的突變與自然選擇的循環。

我可以從對比哺乳動物的免疫系統開始，但是我們的區別事實上很小。所以，我們不妨上溯幾十萬年：爬蟲類和鳥類的免疫系統是什麼樣的？它們和我們的區別何在？

現在，我們已經發現了一些區別：一些調節通路的細節有所不同，產生抗體需要的時間也有差異（爬蟲類更慢，鳥類更快）。哺乳動物的先天性免疫反應似乎更強烈，而爬蟲類的免疫反應則會隨著體溫的變化、季節的變遷而波動。無論如何，我們免疫系統的基本成分它們都有，而且看起來與我們的

也很像，這意味著在我們分化成不同的物種之前，它們已經出現了。不消說，暴龍也有T細胞。

　　讓我們再往回追溯三億年：兩棲動物是什麼情況？依然是看起來差不多的細胞、抗體，等等。牠們的先天性免疫系統也很多樣，包括許多抗微生物胜肽和小的蛋白分子，比如防禦素和爪蟾抗菌肽。在自然界中，我們到處都可以發現這樣的肽。人體裡也有，特別是在皮膚和黏膜表面——比如，我們眼淚和鼻涕裡的溶菌酶就可以殺死細菌——但是在兩棲動物裡，這類肽最為重要，或者起碼被研究得最為充分。

　　說到肽，人類的補體系統（第一章裡提到過）裡也有許多抗微生物胜肽，工作原理也很類似。在許多其他物種裡，包括無脊椎動物，比如在珊瑚和海葵裡，研究人員也發現了類似補體的系統，成分和調節機制都很類似。這似乎說明，這套系統有十分古老的演化歷史。

　　兩棲動物也像我們一樣有免疫記憶，牠們也會像我們一樣對抗體基因進行重排，然後進行複製、篩選。最近，一個讓人跌破眼鏡的發現是：有些爬蟲類、兩棲動物和硬骨魚似乎有一種B細胞，叫作B-1細胞，它們可以產生抗體（跟我們的一樣），但它們也有吞噬功能，換言之，這些B細胞也能夠吞噬細菌（我們的B細胞則不可以）。這也許意味著，在遙遠的過去，B細胞起源於吞噬細胞，後來逐漸失去了吞噬功能，同時逐漸發育出了分泌抗體的功能，讓先天性免疫系統裡的巨噬細胞和其他吞噬細胞來執行吞噬細菌的功能。現在，研究人員從昆蟲和人類中都發現了B-1細胞。在二〇一二年，研究人員又

在小鼠中鑑定出了吞噬型B-1細胞，這使人進一步猜想，我們自己的某些B-1細胞可能也有吞噬功能。這種細胞類型就像是某種「活化石」，記錄了適應性免疫系統出現之前的歲月。

我們再往回追溯大約五千五百萬年，就回到海洋了；我們也是在這個時候跟魚分道揚鑣的。魚類的免疫系統是什麼樣子？

這裡，我們再次看到了同樣的故事：同樣有B細胞和T細胞，同樣有抗體基因重排，同樣的基因編碼與同樣辨識抗原的組成成分。

讓我們再後退一步，因為在這裡情況開始變得有意思起來。你可能聽說過「海裡可不缺少魚」這句俗語，沒錯，但是魚類可以分成兩種截然不同的類型。很久以前，其中一類開始長出骨頭來，牠們也就是我們的祖先，被稱為硬骨魚；另外一類，體內沒有骨頭，牠們的骨骼是由軟骨組成，被稱為軟骨魚，鯊魚就是一種軟骨魚。

# 鯊魚不會得癌症？

那些認為鯊魚軟骨產品可以「提高免疫力」、抗炎甚至抗癌的江湖郎中，真正的科學研究已經揭穿了他們這些騙人的鬼把戲。

你可能聽過這個說法：鯊魚不會得癌症。事實上，牠們的免疫系統接近完美，牠們幾乎不會得任何疾病，牠們的免疫系統在過去幾億年裡都沒多大變化。是不是很神奇？

可惜，這都是無稽之談。沒錯，鯊魚的免疫系統非常驚人，全身分布有許多有趣而且有效的抗菌和抗病毒分子，牠們患癌症的概率也的確比人們通常預計的更低，但是鯊魚仍然會患上各種疾病，包括腫瘤。除此之外，數百萬隻鯊魚每年死於愚蠢。不是牠們自己的愚蠢（就智力而言，鯊魚還行），而是人類的愚蠢，特別是那些認為鯊魚軟骨產品可以「提高免疫力」、抗發炎甚至抗癌的江湖郎中。那種認為「鯊魚有完美的免疫系統」的觀念是由那些想透過賣軟骨藥而大賺一筆的藥商推動的，這背後的研究也不可靠。真正的科學研究已經揭穿了這些騙人的鬼把戲，但是依然有人在獵殺鯊魚，依然把它們的骨骼碾碎，當成「神奇的藥方」。

所謂「鯊魚的免疫系統從未改變過」的說法也經不起推敲。根據化石證據，我們的確發現今天的鯊魚跟牠們幾億年前的祖先「看起」來沒什麼差別，顯然，這讓一些人認為，鯊魚

在其他方面也沒有任何變化。但這裡有一個重要區別：鯊魚的體型解決的是在水中穿行的問題；鯊魚的免疫系統解決的則是對抗病原體的問題。水沒有發生演化，但是病原體卻一直在演化。想必你明白我的意思了。

鯊魚有適應性免疫系統，也有完整可辨認的T細胞、B細胞、抗體，以及各種其他組成。鯊魚跟人類的適應性免疫系統有許多差異，畢竟，我們分開的時間已經很久了。不過，牠們在許多基本的細節上跟我們類似，我們可以自信地說，某種類似的適應性免疫系統在四億年前（我們分開的時候）就已經出現並且發揮功能了。牠們選擇留在水裡，發育出可以替換的鋒利牙齒，追逐魚類，而我們（更準確地說，是那些不再是硬骨魚的我們）則爬到岸上，失去了鰓，發育出了四肢，又過了許多年，我們回到海裡，拍攝了多部關於鯊魚及其鋒利牙齒的驚悚電影。儘管如此，我們的免疫系統提醒我們，在不同的外表之下，鯊魚和我們其實是失散多年的兄弟。

但是，讓我們沿著演化史再往回走一步，來到所有的脊椎動物分成兩類——有頜與無頜脊椎動物——的時間點。你也許沒聽說過還有無頜脊椎動物；老實說，這一類生物後來活得不太好，只有兩個科的動物避免了滅絕的厄運，活到了今天：七鰓鰻和盲鰻。這兩種動物長得都比較搞笑，牠們看起來像是努力要長成魚，但是好像不太合格——直到最近，人們一直都認為牠們並沒有適應性免疫系統。

也許牠們不需要：第一批有頜脊椎動物可能是掠食者，[5]而掠食者往往會活得更久，後代更少，而且一般更注重質而不

是量。同樣可以推斷，牠們在演化過程中對感染的抵抗力更強。鯊魚、人類、其他魚類以及所有有頜脊椎動物都有一個胸腺和脾臟，而且在各個物種裡無論是形狀還是功能看起來都比較類似，但是七鰓鰻和盲鰻就沒有。研究人員仔細檢查了無頜脊椎動物的基因組，發現牠們也沒有T細胞、B細胞或者抗原受體的重組基因。但是問題在於，牠們實際上是有適應性免疫系統的——只是跟我們的不一樣而已。

這一點其實意義重大。我們以為我們的適應性免疫系統相當特殊，但是我們現在看到，適應性免疫系統在脊椎動物中似乎出現了兩次，而且是獨立演化出來的。

這也許是一種經典的趨同演化（convergent evolution）：正如鳥類和蝙蝠各自以不同的方式演化出了翅膀，無頜脊椎動物使用一種和我們一樣的隨機重排機制，來增加抗原受體基因的多樣性，但是牠們使用的是跟我們這些有頜脊椎動物完全不同的一套基因，這種重排機制使用的是不同的酶，做著完全不同的事情。同樣地，牠們的淋巴球類型跟我們的也不一樣。不過，牠們的免疫系統看起來跟我們的一樣有效。[6]

---

5 畢竟，有頜有牙才好獵殺其他動物。

6 也許在某些方面比我們的還要優越：因為它們的抗體可以辨識並結合一些普通抗體不會識別的分子。現在，有人計劃要把這種新型抗體分子用於臨床治療。

# RAG 基因登場

那些維持著複雜的適應性免疫系統的物種，同時也是那些
承載複雜共生菌落的宿主。這是巧合嗎？

那麼，現在的情況又是如何？

我們知道，在脊椎動物出現之後的某個時間點，牠們分化
成了兩支。那麼，在那個分叉點上，牠們是否已經有了對抗原
受體基因進行重組的能力？這是有可能的，但是另一方面，
它的機制又是如此不同，以至於沒人確切知道當時發生了什
麼。這兩支後來都發育出了兩種類似但又截然不同的重組系
統。我們至今也不是很確定這是如何發生的，以及為什麼會發
生。一種可能是，這種重組的機制是多細胞生物應對病原體的
最佳選擇，但是我們已經看到，這也會帶來像自體免疫疾病這
樣的問題。

之前有人提出了一個理論：在新的適應性免疫系統出現之
前，有頜脊椎動物經歷了一次類似宇宙大爆炸那樣的演化過
程，免疫系統迅速發展，在相對短的時間裡就出現了適應性免
疫系統的所有要素。但是，現在看來這個理論站不住腳了。

我們可以確定的是，在五億年前，我們祖先的免疫系統的
確經歷了一次大規模的、非常有趣的變異。在抗原受體基因重
組機制的核心是一對叫作RAG1和RAG2的基因，它們可能造

成了這次變異。這對基因只在有頜脊椎動物裡出現；它們可能是從外界進入我們古老祖先體內的，也許是作為病毒的一部分，然後它們碰巧進入了先天性免疫系統基因內部，導致整個系統開始對基因進行剪切和重排。[7]

你可能注意到了，隨著故事的展開，我開始使用越來越多地一些限定性詞語，比如「也許」、「可能」。這不僅是因為在今天要弄明白五億年間發生的事情本來就很困難，而且因為這方面的研究才剛剛起步。時至今日，免疫學幾乎總是以人類為中心；這並不奇怪，我們當然非常在乎自己的健康。相對而言，從演化的視角研究免疫還是一個較新的領域，這多虧了日新月異的基因組定序工具；有如此多的物種要研究，並且有如此多的問題需要回答，我們的確才剛剛開始。

不過，我們到現在還沒有觸及另一個巨大的話題：物種與體內微生物的共演化。那些維持著複雜的適應性免疫系統的物種，同時也是那些承載複雜共生菌落的宿主。這是巧合嗎？

無論巧合與否，七鰓鰻和盲鰻的免疫系統告訴我們，我們自己的適應性免疫系統也許沒有那麼特殊。

---

7 沒錯，基因有時的確會移動。研究人員已經在無脊椎動物中發現了RAG1和RAG2，但沒人知道它們到底是怎麼出現在那裡的。

# 無脊椎動物也有免疫系統嗎？

那些試圖入侵昆蟲的病原體會經歷一番考驗。昆蟲可不像牠看起來的那麼簡單，它們的基因組跟我們的一樣複雜——有時甚至更為複雜。

「無脊椎動物」是一個如此古怪的術語。脊椎動物當真有這麼神奇嗎？以至於我們必須要對多細胞生命世界中的絕大多數成員貼上「無脊椎」的標籤，僅僅因為我們自己有脊椎？

昆蟲、蜘蛛、海星、牡蠣、水母以及所有其他的小動物，或爬、或飛、或游，牠們個頭小、壽命短，談不上有腦。牠們也需要免疫系統嗎？事實上，牠們也有，而且很多……

無脊椎動物是一個非常龐雜的類別。牠們千奇百怪、各式各樣，又進一步分成許多的支系，生活方式各異，生命週期各異，其中一些（特別是章魚和烏賊）的智力還非常高。自然，牠們的免疫系統也是多姿多彩。我們沒有理由認為在一個物種裡看到的現象在其他物種裡也會出現——更別提許多無脊椎動物根本談不上是「一個物種」。共生是一種司空見慣的現象，兩種或者更多的物種生活在一起，這是一幅獨特的免疫學景象。不過，為了給接下來的討論打好基礎，我會先提到一些一般性的發現。我主要討論的是昆蟲，這僅僅是因為比起其他無脊椎動物，當前對昆蟲免疫系統的研究更為細緻。

昆蟲不僅具有免疫系統，而且看起來還很熟悉。比

如，第一章裡我們花了不少篇幅討論類鐸受體（Toll-like receptor）——它之所以沒有一個更悅耳的名字，是因為它最初就是在果蠅裡發現的，*Toll* 基因編碼的是一個可以感知真菌感染的蛋白。果蠅的基因組裡有好幾個與 *Toll* 相關的基因，但是它們跟免疫系統毫無瓜葛；事實上，它們跟發育有關。這是否暗示著先天免疫系統一開始就是這麼起源的呢？目前學界的主流意見不認可這種看法，因為類鐸受體蛋白家族在植物中也有出現，它們卻嚴格執行著免疫功能。看來，類鐸受體基因的確是負責免疫的，只是被指派去幫助果蠅發育成熟。

這種常見的果蠅，學名叫作黑腹果蠅，是世界上被研究得最詳細的動物之一。這倒不是因為科學家有迫切的需要來認識這種果蠅，更多是因為方便——這些果蠅容易培養，而且更重要的是，容易繁殖。遺傳學家愛牠們愛得不行。免疫學家卻不太在乎繁殖，他們只是拿果蠅的免疫系統作為昆蟲免疫的模式系統來研究。

抗微生物胜肽在無脊椎動物的免疫系統中扮演了重要角色。比如，這種小分子在昆蟲中就相當常見。黑腹果蠅體內有至少二十種抗微生物胜肽，屬於七種不同的類型。有趣的是，只要我們從某種生物裡發現了一種新的抗微生物胜肽，我們往往會發現人體內也有。

第二種防禦機制要更加熟悉：吞噬作用。昆蟲的吞噬細胞跟我們的並無不同，叫作血球（haemocyte），它們在血淋巴（昆蟲的循環細胞，相當於我們的血液循環系統，不過要更簡單）中巡邏，負責吞噬、消滅入侵者。有時候，病原體（比

如，一隻寄生蟲）太大了，一個血球無法吞下，這時，多個血球就會將病原體團團圍住。

另外一種機制是向入侵病原體所到之處釋放毒素，這些毒素分子會跟病原體結合，干擾它們正常的生理過程。此外，無脊椎動物也像我們一樣有共生腸道菌群。研究人員發現，一些物種，比如烏賊、章魚和蝦，會在牠們的卵表面包裹一層「有益」的細菌，來抵抗「有害」細菌的入侵。此外，還有一種叫作干擾RNA（iRNA）的東西，不過我們以後再說。

總之，那些試圖入侵昆蟲的病原體會經歷一番考驗，昆蟲可不像牠看起來的那麼簡單。只看外表，生物學家也許會想當然地認為昆蟲比較「簡單」，牠們的生理結構也較簡單，器官也沒有高度分化，但牠的基因組跟我們的一樣複雜——有時甚至更為複雜。畢竟，昆蟲需要經歷幾次變態——從卵到幼蟲、蛹，再到成蟲——如果你仔細想想，這是蠻不可思議的事情。昆蟲的免疫系統（以及所有無脊椎動物的免疫系統）可能都比我們一開始以為的要更加有趣。

# 無脊椎也複雜

> 當你試圖把一隻海綿的片段「植入」另外一隻的時候，受體會排斥「移植體」，因為海綿依然可以區分「自我和非我」。

　　上面提到的所有這些免疫機制都屬於先天性免疫的領域。理論上認為，無脊椎動物的先天性免疫能力充分有效，能夠維持足夠數量的先天性免疫分子，並且維繫一生。如果入侵的細菌、真菌以及其他病原體演化得更為成功（它們無疑會的），它們所針對的無脊椎動物就可能會進一步強化牠的先天免疫能力，改良它的調節機制，或者依賴體內的菌群來抵禦入侵者並阻止它們逗留。

　　昆蟲和其他無脊椎動物不需要適應性免疫系統，牠們也沒有適應性免疫系統。

　　情況就是這樣。

　　不過，也許我們這麼說有點為時過早。

　　新的報告不斷湧現。無脊椎動物似乎具有某種東西，或者許多種東西；這些東西，雖然跟脊椎動物體內（無論是有頜或是無頜）的適應性免疫系統不完全相同，但它們無疑預示了一種前所未有的特異性，並由此引發了進一步的問題：

・有些無脊椎動物相當複雜，能存活幾十年。既然如此，我們

不是有理由推斷牠們的免疫系統也相當複雜嗎？

- 當果蠅受過一次感染之後，如果我們立即觀察牠的基因組，會發現許多基因都被啟動了，而我們對這些基因的功能一無所知。這些基因是做什麼的？

- 研究人員已經在水蛭和海膽（壽命較長的無脊椎動物）裡發現了一些跟RAG1和RAG2（適應性反應的發起者）非常類似的基因。它們在做什麼？

- 上一節我們提到了昆蟲的多種免疫防禦，最近的研究發現，它們並不是獨立運行的；事實上，它們在某種程度上是相互調控的，於是整體來看，它們產生出了極為有效的免疫反應，而且可以針對它們遇到的不同病原體做出不同反應。這算不算是某種特異性呢？

- 無脊椎動物往往跟細菌形成意義深遠的關係。我們之前提到過腸道共生菌及其包覆卵的方式，但是無脊椎動物和細菌也會一起完成許多其他的事情──一個著名的例子是烏賊會利用發出生物螢光的費雪弧菌（*Vibrio fischeri*）來為其提供亮光。所有這些關係也就意味著，這些細菌的宿主可以區分牠們想要的細菌與牠們不想要的細菌。牠們是如何做到這一點的？

- 纖維蛋白原相關蛋白（FREPs），是軟體動物中存在的一類分子，它不僅跟抗體分子看起來很像，會對感染做出反應，而且兩隻蝸牛之間都有極大的差異。有可能，編碼免疫分子的基因更容易突變，因此比正常基因突變的速率更快，從而為日後出現的體細胞重組提供了一個基礎版

本——與人體B細胞內出現的基因重排的原理沒有太大區別。適應性免疫是否由此起步呢？

考慮到這些問題——以及在無脊椎動物「天然」免疫系統中所有的複雜性、特異性與適應性，再考慮到，即使是在哺乳動物裡，諸如自然殺手細胞這樣的細胞類型似乎就介於先天性免疫系統和適應性免疫系統之間的灰色地帶，[8]一些免疫學家開始提出一個更廣泛的問題：目前已經建立起來的「先天性免疫與適應性免疫」的二分法，是否仍然有助於我們理解免疫系統？

無論它是否可以歸為一個獨立的「適應性」免疫系統，無脊椎動物目前尚缺少一個特徵：免疫記憶。比如，海綿是公認最古老、最簡單的一種動物生命形式，牠們甚至有能力重新組裝自己：把一隻海綿切成幾段，牠們會重新連接起來。把兩隻海綿切段，混起來——結果牠們依然會重組成原來的兩隻，因為牠們有能力區別彼此。當你試圖把一隻海綿的片段「植入」另外一隻的時候，受體會排斥「移植物」，因為海綿依然可以區分「自我和非我」。在脊椎動物裡，當你試圖重複一次

---

8 通常認為，哺乳動物的自然殺手細胞屬於先天性免疫系統，但是它跟適應性免疫細胞有共同的來源，而且會表現出特異性和免疫記憶力——這都是適應性反應的特徵。它往往在感染之後的幾天內出現——雖然不像大多數先天性免疫成分出現得那麼迅速，但依然比適應性免疫反應更早。自然殺手細胞可以抗病毒、抗細菌，也可以攻擊腫瘤細胞。總而言之，我們對它瞭解得越多，就發現它的分類越模糊。更加模糊的一個例子，還有天然殺手T細胞，它介於自然殺手細胞和常規T細胞之間。

失敗的移植的時候，會引起更快速、更果斷的排斥反應，因為受體產生了免疫記憶。在海綿裡，情況則不是這樣，這暗示著海綿沒有真正的免疫記憶——對於所有其他無脊椎動物，科學家認為情況也是如此。雖然我們越來越難以聲稱人類的免疫系統有何特殊之處，起碼，就目前而言，適應性免疫中的免疫記憶能力僅屬於「更高級」的生物體。

**3-6**

# 實施干擾

宿主細胞會辨識出這些新出現的外源 RNA，然後把它切碎。細胞會利用這些切碎的病毒 RNA 來干擾病毒的複製過程，以避免被它們「綁架」。

關於免疫系統，還有另外一層機制我們沒有提到。因為它十分新穎，或者說，是最近才被發現的，現在我們知道，幾乎所有的生物體，如真菌、植物、動物裡都有「干擾RNA」（iRNA或RNAi），字母「i」代表「interference」，干擾的意思，因為這種RNA會干擾其他的RNA。

在所有的活細胞裡，RNA是一種非常重要的分子，執行許多關鍵的功能。最著名的一類RNA是信使RNA（mRNA）：它是細胞基因轉錄出的副本，用來編碼蛋白質的合成。因此，不難理解，這些信使RNA受到了嚴格的調控——這也是細胞對環境做出反應的方式。如果細胞突然需要更多的蛋白質X，調控機制會確保 x 基因轉錄出大量的信使RNA副本，從而加速蛋白質X的合成。我們已經知道了許多調控機制，但直到最近才認識到干擾RNA，這很大程度上是因為關於RNA的研究工作非常困難，特別是很短的RNA序列，它們很容易降解，也很容易受汙染。

現在，由於技術的進步，我們有辦法來分析RNA了，因此才認識了干擾RNA。一種小的干擾RNA分子會跟特定的信使

RNA「匹配」，與之結合，然後阻止它本來要完成的工作。這樣，這個信使RNA就成了一個無用的分子，無法再用於合成蛋白質了。

這是「和平年代」干擾RNA的功能，是細胞的反饋調節機制之一。不過，有些干擾RNA針對的不是細胞本身的信使RNA，而是病毒的RNA。

所有的生物體都會不時受到病毒的攻擊。病毒本身無法複製，而是必須依靠宿主細胞，為實現這一點，所有的病毒都會在感染宿主細胞之後合成RNA。有些病毒自身的遺傳物質是DNA，跟我們一樣；另一些病毒則使用RNA（比如愛滋病毒）。無論是哪種情況，當病毒顆粒感染宿主細胞的時候，它都會釋放出自己的RNA，並開始複製（用來控制宿主細胞，對RNA病毒來說，這些RNA也會被包裹進蛋白質外殼來產生更多的病毒，它們會感染更多的細胞，如此循環）。作為回應，宿主細胞會辨識出這些新出現的外源RNA，然後把它切碎（有趣的是，負責該過程的蛋白質叫作Dicer，是一種RNA內切酶）。細胞會利用這些切碎的病毒RNA來干擾病毒的複製過程，以避免被它們「綁架」，從而轉危為安。

不過，問題在於，病毒也抓住了這個竅門（也許正是病毒發明了它），可以產生它們自己的干擾RNA，阻止宿主細胞的生理過程，並為己所用。所以故事還在繼續，小RNA分子和酶在細胞裡漫天飛舞，調控、反調控、擾亂調控，每一方都試圖佔據上風——而關於這一切，我們直到一九八九年才有所認識。

　　一個干擾RNA分子必須要跟它的目標配對，才能發揮作用。這意味著，所有「簡單」的物種——植物、昆蟲、真菌——它們的抗病毒能力都高度特異。最近一項關於果蠅的研究表明，受病毒感染的細胞會向宿主的其他抗病毒防禦機制發送訊號：感染來了。於是，這種先天性免疫反應既特異又可精確調控。

# 無路可逃

**植物沒有在全身流動的特殊免疫細胞；實際上，植物的每個細胞都可以做出免疫反應，而且也都能告訴周邊的細胞危險要來了。**

接下來，我想談談植物的免疫系統，不過我猜，到了現在，你可能知道我要說什麼了。沒錯，植物也有免疫系統，它們飽受形形色色害蟲的攻擊，當然需要想辦法抵抗這些禍害——但它們沒辦法逃到一個更好的環境去。同樣的，植物呈現的往往是先天性免疫反應，非常有效，而且常常也能辨識病原體。另外，植物會表現出所謂的系統性後天抗性（systemic acquired resistance），它有點像免疫記憶，只是沒那麼特異，但它（也許）可以傳承數代。沒錯，植物的免疫系統看起來跟動物的非常相似，而且使用同樣分子（比如類鐸受體）的多種變異。它們也能夠區分自身細胞與入侵病原體，區分有益或有害細菌（尤其是在微生物和植物密切合作的根部）。最後，正如我們深入探究其他生物體一樣，我們對植物的免疫系統充滿好奇，未來仍有許多需要學習的地方（包括一種極富魅力的稱為「馬賽克」嵌合的現象……太吸引人了，我簡直按捺不住想來聊聊它！）。

當然，植物也有其獨特之處：首先，植物沒有在全身流動的特殊免疫細胞；實際上，植物的每個細胞都可以做出免疫反

應，而且也都能告訴周邊的細胞危險要來了。不過，植物和動物免疫系統的相似之處也非常驚人，我相信你也會同意這一點。

　　所有這些都不奇怪，因為植物也是複雜的生物體，有許多部件和系統。植物有免疫系統，這個論點是站得住腳的。不過，那些更為簡單的單細胞生物，比如微生物呢？它們也有免疫力嗎？

# 單細胞生物也有免疫力嗎？

單核細胞生物個體較小，它們的免疫防禦機制跟多細胞生物在細胞或分子上的防禦機制會有所不同，但是核心的操作原則卻是類似的。

　　當然也有，否則它們早就死掉了。

　　所有活著的生物，包括微生物，都會被寄生蟲感染，因此它們必須想辦法來對付這些寄生蟲，否則很快就會滅亡。免疫學家一度認為細菌只是免疫功能防禦的對象，而不是功能的體現者，但是隨著我們對這些微小的生物體與環境的相互作用瞭解得越來越多，這種觀點也逐漸得到了修正。

　　自然，由於單核細胞生物個體較小，它們的免疫防禦機制跟多細胞生物在細胞或分子上的防禦機制會有所不同，但是核心的運作原則卻是類似的。比如，細菌免疫系統的一個著名例子是限制修飾系統（restriction-modification system），這是細菌抵禦噬菌體的方式之一。這套系統利用特殊的酶來修飾細菌的DNA，從而把它與噬菌體的DNA區分開。當噬菌體侵染的時候，「限制酶」會辨識出未經修飾的噬菌體DNA，並進行切割。細菌也會改變細胞膜表面的分子，試圖阻止那些噬菌體入侵。在極端的情況下，一個受感染的細菌細胞甚至會自殺，來保護其他同伴不受感染（類似於受感染的人類細胞向免疫細胞發出訊號，請求殺死它們）。最近，研究人員從噬

菌體內發現了許多基因序列，叫作「生成多樣性的反轉錄單元」（diversity-generating retro-elements），這些序列似乎高度可變，像是抗體基因那樣，它們也使得細菌宿主的基因組更加多樣——簡言之，它們就像是演化的推進器，保護宿主不受噬菌體的侵犯，但矛盾之處是，該機制仍然需要噬菌體來傳播。這是出於噬菌體的好心嗎？我們還不確定這裡究竟發生了什麼。

另外一種廣泛存在的機制，叫作CRISPR，[9]這是研究人員近幾年才發現的，現在我們知道，它在許多細菌和古菌（一種單核微生物，不同於細菌）裡都有出現。CRISPR的工作原理有點像干擾RNA。這套系統從入侵的病原體（比如病毒）中切出一段DNA序列，並把這段的訊息「記錄」在細菌基因組的特殊位點——事實上，這就相當於「記住」了病毒，並用它來對抗感染。[10]這種「記憶」可以傳播給子代細菌。

請允許我稍事停留，表達一下我的驚歎之情。細菌不僅有免疫功能，而且還有適應性免疫能力。它們有免疫記憶。在演化之路上不斷出現的免疫概念下的「自我」（以及「記

---

9  叢集有規律間隔的短迴文重複序列（Clustered Regularly Interspaced Short Palindromic Repeats，CRISPR）。

10 在過去幾年，CRISPR系統日新月異，已經成為編輯基因序列極為有用的工具。作為尖端生物技術，CRISPR可謂實驗室必備工具之一，已經在上千份研究中以令人眼花繚亂的方式展示了它的威力，也引起了一系列的爭議與討論，這需要另一本書來談。僅舉一例你就知道它有多火爆了：在二〇一八年的大片《毀滅大作戰》裡，CRISPR就作為明星技術出場，用來「解釋」巨獸的誕生。乖乖，跟巨石強森搭檔，水平可見一斑。

憶」），在細菌這樣的微生物尺度上已經有所體現，雖然它們的機制並不相同。可見，「自我」這回事，[11]根深柢固。

不過，一個不爭的事實是，細菌並不總是把外源DNA視為洪水猛獸，加以攻擊。遠非如此！許多細菌會主動從不同的來源以各種方式主動獲取外源DNA分子，有時甚至會從外界環境中採集基因，嵌入它們的基因組，好像就是為了嚐個新鮮。[12]舉一個你一定聽說過的例子，就是細菌如何從環境中獲得抗生素抗性基因。細菌並不總是拒絕這些移動式遺傳元件（轉位子、質體、噬菌體DNA）。細菌對新的（往往是有害的）經驗保持開放的能力，是它們如此成功的原因之一。

既然細菌對外界的影響持開放態度，為什麼我們還會看到細菌保護自己不受感染？

也許我們這裡看到的是一場赤裸裸的鬥爭：外源DNA片段努力試圖入侵細菌，從而能夠過上寄生生活，僅此而已（這恰好符合「自私的基因」這個概念）。相對的，細菌也在努力試圖趕走它們。不過，簡單地進行寄生並不總是寄生體的最佳策略，再說宿主也不會袖手旁觀。也許，這是一種更加微

---

11 二○一八年，來自魏茨曼科學研究院（Weizmann Institute）的研究人員在細菌裡發現了另外十種可能的防禦機制。限制性修飾酶和CRISPR可能只是細菌多種防禦機制中的兩種。

12 我們這些多細胞生物有許多基因可以選擇，有許多方式對它們重排，嘗試新的組合。有性繁殖就是一種不錯的方式。無性的細菌往往沒有這種選擇，所以為了在不斷變化的環境中修飾基因組，並維持競爭力，它們需要嘗試攝入外源DNA。這是一個風險的遊戲，但是如果不這樣，它們就會停滯不前。

妙的關係，彼此各取所需。事實上，這就很像我們跟那些在我們體內、體表和生活中的菌群的關係。

在第一章，我提到了黏膜免疫系統是如何工作的，它的組成元件位於身體與外界接觸的地方，因此時時會接觸到微生物。實際上，黏膜免疫系統要比我們之前談論過的「經典」免疫系統範圍更廣。很有可能，黏膜免疫系統不僅涉及面更大，而且更原始，比身體其他無菌部位發起的免疫反應來得更早。

假如有人說細菌「自私自利」，那他需要重新考慮一下這個事實：細菌之間的關係非常複雜，會讓肥皂劇編劇自嘆弗如。在一些細菌群落裡，單個細菌細胞會散播一種毒素，毒死所有跟它不完全一樣的個體（因為它們沒有有效的解藥），從而為它的同伴爭取更多的資源。人們也知道，細菌會為了群體而犧牲自己。許多細菌還可以感知到所在的環境中有多少同類，即「群體效應」，並根據這些訊息調整生活方式。

說完細菌和古菌，我們在演化之路上的溯源大概就走到盡頭了。我希望我已經說服了你，人類免疫系統的起源可以追溯到幾億年前——鯊魚的淋巴球，蝸牛（以及其他生物[13]）中無處不在的類似抗體的分子和基因、編碼類鐸受體的基因以及干擾RNA。雖然這些分子不是完全一樣，面對著同樣的問題，這些物種依然演化出了同樣的解決方案——那就是免疫系統的

---

13 類似抗體的基因家族，也被稱為「免疫球蛋白超家族」，在自然界中廣泛分布，很可能在演化早期就出現了，它們的功能往往跟免疫無關。

特異性和適應性，而且總是以不同的形式在不同物種中反覆出現，哪怕它們的免疫記憶類型相差甚遠。在這一幅幅生物萬花筒的畫面中，一個共同的主題浮現出來：每一個個體都在維持著它自身的完整性和穩定性，與此同時，也要對不斷變化、充滿挑戰的環境做出反應。

# 為什麼如此可疑？

並不是外源抗原（病毒、細菌、寄生蟲、毒素，等等）的存在本身引發了免疫反應，而是它們帶來的危險引發了免疫反應。

　　不過，是否真的都跟自我和非我有關呢？不是每個人都接受這種劃分。波麗・麥辛格（Polly Matzinger）和她的同事們對此發起了挑戰，他們提出了另一種看待免疫的觀點，叫作「危險模型」。

　　危險模型認為，免疫細胞並非容忍自體抗原並攻擊外源抗原，免疫細胞實際上是對受傷的身體細胞發出的訊號做出反應。當皮膚、肝臟、肌肉，或者任何其他類型的細胞承受壓力或受到損傷的時候，細胞成分就會滲透進入體內環境，向外界傳遞化學訊號「遇到麻煩了」，並引發免疫反應。因此，並不是外源抗原（病毒、細菌、寄生蟲、毒素，等等）的存在本身引發了免疫反應，而是它們帶來的危險引發了免疫反應。

　　從這個角度觀察，人體組織與共生菌的關係更容易理解：身體並不是時刻不停地、主動控制自己不去攻擊這些細菌。身體不用費什麼麻煩就能容忍它們，前提是它們不引起細胞損傷。胚胎、食物，或者其他跟我們身體組織接觸的外來物質，只要它們表現得很乖，就不會有麻煩。身體的默認選項是信任，而非懷疑；這使得共生以及物種之間其他類型的合作更

容易開展。

自我和非我模型認為，在我們幾個月大，大多數B細胞和T細胞成熟的時候，我們的身體區分自我和非我的能力基本上就固定下來了。但是實際上，人體在一生之中都在不斷變化。懷孕、哺乳、青春期——所有這些都會產生我們在嬰兒時期沒有見過的分子，但是我們的免疫系統並不會對它們發起免疫反應。相比之下，危險模型提出的「互不干擾」的態度跟這些事實就不衝突，因為，這些過程裡細胞並未受到傷害。

我們也知道，植物和細菌會向同類傳遞壓力訊號。一些植物在被病原體攻擊的時候會發出訊號，其他植物收到訊號之後會為病原體入侵提前做好準備。人類細胞是否也會表現出這種行為呢？

麥辛格及其同事們認為，危險訊號會被一類叫作樹突細胞的免疫細胞接收。在過去很長一段時間，這類細胞並不是研究人員關注的重點，但是這幾年來，情況開始有所轉變；現在的主流觀點是，樹突細胞在免疫調節中發揮了核心作用。根據危險模型，樹突細胞會感知到鄰近細胞處於危險之中，並提醒免疫系統趕來解圍。

自從一九九〇年代末提出危險模型以來，麥辛格和她的同事們一直不斷豐富該模型的細節。他們認為，免疫反應要比我們之前認為的更加因人而異，受到的調控也更加精細。受傷的組織不僅會提醒免疫系統出現了危險，還會決定針對這種危險需要採取哪種類型的反應（效應類別），也就是說，免疫系統會根據病原體的類型以及發現它的地點，產生不同的免疫反

應。此外，免疫反應不需要火力全開——危險訊號可以調節反應的強弱。最初的免疫反應也許只在局部，而且相對輕微，但是如果危險訊號不斷出現，那麼免疫反應也會相應加強。

在麥辛格看來，免疫並不是一個巨大的系統，在孩子幾個月大的時候就幾乎成熟；相反地，她認為免疫包含了許多局部的、組織特異的反應，每一種反應都因時因地而異。根據這種觀點，與其說免疫是一群各司其職的警察來保護手無寸鐵的細胞不受病原體的傷害，不如說免疫是身體所有細胞的一個特徵：危險出現的時候，它們就會發出求助訊號；一旦危險消失，求助訊號也會消失。免疫功能的調節也具有組織特異性，如果特定組織裡還有共生菌群，那麼後者也會受到相應的調控。

不過，對於許多現象，危險模型也只能提供部分理論解釋。這些壓力訊號是什麼？它們是如何工作的？科學家們想知道這些問題的答案到底是什麼。關於自體免疫疾病的發病原因，麥辛格和她的同事認為，這些疾病可能是由於自身訊號被誤認成危險訊號——或者，它們根本不是自體免疫疾病，而是源於一種非常隱蔽的、尚未檢查出來的感染。[14] 可是，如果自我與非我不是問題，那麼為什麼組織和器官移植會被排斥呢？麥辛格認為，移植組織從原來的身體裡被切下來之後，

---

14 在醫學史上，不乏這樣的例子。如果我們追根溯源，一切感染性疾病都是如此，最近的一個例子是：胃潰瘍一度被認為由飲食不良和壓力過大引起，但是最近我們才知道，這是由幽門螺旋桿菌引起的。

依然攜帶著危險訊號和被啟動的樹突細胞，這會引起免疫反應。那麼，這種模型是如何解釋針對癌症的免疫反應呢？癌症細胞並不會表現出壓力，也許危險模型正好能夠解釋為什麼免疫系統有時會遺漏掉一些癌症——但是它為什麼又會捕捉到另一些癌症呢？可見，危險模型的支持者還有許多後續工作要做。

　　我並沒有資格來評價不同模型的優劣，更無意給出最終裁決；你也許注意到了，我好像對危險模型深信不疑；或者說起碼它是一個有用的模型，這也許是你對一個科學模型能提出的最高要求了。[15] 如果身體果真是如此工作的，那我會覺得不錯，但大自然並不在乎我的感受。學術界最終會拒絕、容忍還是接受這種觀點？我們拭目以待。

---

15 在科學探索中，「真理」這個概念會引發許多意外的難題；謹慎務實的科學家往往回避討論它。

# 第三方解讀

> 每一種病原體都有一肚子關於如何入侵的鬼主意，或者說，每一種病原體就是這些鬼主意。在它們漫長的演化過程中，這是它們唯一的生存策略。

　　在你看電視的時候，是否遇到過這種情況：你在看一部犯罪片或者法政劇，但看了一會之後你會感到有點奇怪，因為你不知道哪個是好人，哪個是壞人。

　　你是否聽過一個朋友向你轉述他／她跟一位愚蠢同事的爭吵，你很容易聽出朋友的立場，因為他／她陳述一方的時候用平靜、講理的聲音，而陳述另一方的時候則用尖利、愚蠢的聲音（「我告訴他：『朋友，你說，為什麼我們不嘗試一下這種辦法，然後看看效果如何呢？』但是他卻說：『不！那太愚蠢了！我不想這麼做！因為……』」）。當然，也許你猜到了，在另一間屋子裡，也發生同樣的對話，唯一的區別只是聲音的扮演調換過來了。

　　可見，有必要從一開始就知道你聽到的是哪一方的故事。

　　讀到這裡，你已經聽我談了一會免疫系統的演化，因此，我想提醒你，這只是故事的一個面向。換個角度，我一樣可以講述微生物是如何演化的（而且依然在演化），從而在宿主體內繁衍生息。當我們看到細菌在跟免疫系統鬥爭的時候，要弄明白到底發生了什麼，並不總是一件容易的事：這是一個平衡

的、持續的鬥爭，還是好不容易爭取到的雙方休戰？這是和諧共存，抑或彼此依賴的動態平衡？這是慢性疾病，還是註定要發生的急性感染？這是宿主的勝利，還是微生物的詭計得逞了？真相往往並不容易看清。

我之前提過，入侵人體（或者任何生物體）都不是一件輕鬆的差事。不過，一個生態區位就是一個生態區位，只有敢於迎接挑戰的生物，才有可能嚐到其中的甜頭。

微生物使用了各種各樣的詭計：掩飾、欺騙、偽裝以及赤裸裸的暴力⋯⋯簡直罄竹難書，哦不對，醫學微生物學的教科書裡已經一一列舉出來了。如果你感興趣，歡迎前去閱讀，但是請允許我挑選幾個策略，以饗諸位：

- 前文提到，結核分枝桿菌（它能引起結核病）進入人體肺部之後會被巨噬細胞辨識並吞沒。結核分枝桿菌對此毫無怨言，因為這正是它計畫的一部分。它平靜地搗毀了巨噬細胞的消化體系，在細胞內安營紮寨，躲過了外界的風吹雨打，進而增殖，然後感染更多的巨噬細胞。
- 許多病原體會產生一些跟免疫系統自身的訊號類似的分子。藉由這種方式，它們按照自己的意願改變免疫反應。比如，假性結核病耶氏桿菌（*Yersinia pseudotuberculosis*）會產生一種叫作YopJ的蛋白，它會調控發炎反應。這種細菌會向周圍釋放出該蛋白，使免疫系統放鬆警惕，從而方便細菌的生長和繁殖。
- 當人類細胞被病原體攻擊的時候，它們的反應（正如第一章

提到的）是發出警告訊號，讓免疫系統知道它們的處境。披衣菌卻會阻止該過程，從而繼續隱藏在受感染的細胞之內。

- 有些細菌，比如腦膜炎雙球菌（*Neisseria meningitides*，它能引起腦膜炎）和流感嗜血桿菌（*Haemophilus influenzae*，它引起類似流感症狀的疾病），會在它們的外殼上包裹一層唾液酸，這會有效阻止免疫系統的攻擊。不過……

- 在許多健康的成人體內，有一種細菌，肺炎鏈球菌（*Streptococcus pneumoniae*），就不會被上述花招欺騙；它會把那些偽裝者外面的唾液酸扯下，使得免疫系統可以對後者發起攻擊。當然，肺炎鏈球菌還可以向其他細菌噴射過氧化氫（這是一種漂白劑，很毒的東西），來打擊資源競爭者，從而間接幫助了我們。是不是很機智的細菌呢？

- 大腸桿菌和沙門氏桿菌可以模擬類鐸受體的活性，觸發免疫反應來驅散其他微生物。

- 奈瑟氏淋病雙球菌、梨形鞭毛蟲以及幾種黴漿菌，會週期性地隨機改變它們的外層包覆。於是，那些本來針對這些微生物的免疫反應就失效了。等到免疫系統做好準備，微生物已經進行另一輪變形了。

- 在我們的肺部、胃壁和其他表面，第一層細胞都是上皮細胞。它們密密地排在一起，彼此之間幾無縫隙。它們的形狀和結構是由內在的支架蛋白（即，肌動蛋白）決定的。當細胞需要維持或改變形狀的時候，肌動蛋白會在合適的位置延長或縮短。單核球增多性李斯特菌（*Listeria monocytogenes*）

就會攻擊腸道上皮細胞內肌動蛋白聚合的過程，使用肌動蛋白搗毀宿主細胞膜，然後，這些細菌就可以堂而皇之地進入細胞，而不會被免疫系統發現。

- 有些病原體會釋放出引起抗體強烈反應的抗原分子，這些游離的分子其實是偽裝者，是用來轉移免疫系統的注意力，從而保護病原體本身。當免疫細胞或抗體接觸到犬蛔蟲的幼蟲時，幼蟲會脫掉牠們的「皮膚」，即免疫因子結合的表面蛋白，就好像蜥蜴危急時會斷掉尾巴。

以上只是一個很小的樣本。每一種病原體都有一肚子關於如何入侵的鬼主意，或者說，每一種病原體就是這些鬼主意。在它們漫長的演化過程中，這是它們唯一的生存策略。

3-11

# 平衡的蠕蟲

**在發達國家，人們已經成功消滅了蠕蟲疾病。但流行病調查顯示：蠕蟲越是肆虐，過敏反應就越少。**

上一節，我提到了犬蛔蟲，我好不容易才忍住沒有提另外一種寄生蟲：蠕蟲。這類寄生蟲成員眾多，個個都是入侵或躲避免疫系統的行家，牠們有許多花招可以幫助牠們在人體內存活下來、繁榮昌盛。牠們之所以需要這些花招，是因為作為寄生蟲，牠們的個頭太大了，免疫系統不可能看不到牠們。即使是較小的蠕蟲物種，也有幾公釐長，跟病毒或細菌比起來，可謂龐然大物。

在世界上許多較貧窮的地區，由於衛生條件較差，蠕蟲帶來了無盡的痛苦：據統計，世界上約四分之一的人口感染了某種類型的蠕蟲。衛生機構正在嘗試使用預防、清潔的手段和抗蟲藥物來緩解疫情。與此同時，在已開發國家，人們已經成功消滅了蠕蟲疾病。

也許有點過於成功。

免疫反應有幾種不同的形式。我們理解得最透徹的兩種是Th1和Th2（Th代表輔助T細胞，這是一種重要的T細胞）。它們的細節比較複雜，但大體畫面是這樣的：這兩種反應處理的是不同類型的感染——Th1類型的輔助T細胞會向吞噬細胞和

胞毒T細胞發出啟動訊號。聽到「集結號」之後，這些細胞會追蹤並摧毀任何被病毒或特定細菌感染的人類細胞。與此相反，Th2反應是直接攻擊那些尚未入侵人體的病原體，Th2細胞會啟動一種叫作嗜酸性球（eosinophils）的免疫細胞，來殺死蠕蟲。[16]只要一種Th反應上調，另外一種就會下調。這種機制是合理的，因為這樣可以節約身體的資源，並降低免疫反應的副作用。

蠕蟲激發的正是Th2反應。有人因此認為，此消彼長，在那些蠕蟲病發病率較高的國家，過敏反應（Th1）的概率恰恰因此更低。（在過去幾十年裡，已開發國家裡出現過敏反應的人越來越多）。流行病調查顯示：蠕蟲越是肆虐，過敏反應就越少。

蠕蟲採取的各種躲避和反擊策略，以及牠們的存在本身，都會對免疫系統產生影響。一個效果就是牠們會抑制發炎反應——要知道，世界上有許多人巴不得他們的發炎反應受到一點抑制呢。[17]

因此，許多患有慢性自體免疫疾病（比如，發炎性腸道疾

---

16 在還是學生的時候，我學到了關於Th1和Th2的知識，但是現在我們知道，還有幾種新的輔助T細胞，比如Th17和Tfh，這都是近幾年才發現的。這讓我覺得自己是個老古董了。Th17細胞幫助吞噬細胞殺死真菌和某些細菌，而Tfh細胞則會幫助B細胞產生抗體，來消除細胞外的細菌和病毒。隨著研究的深入，這些細胞類型可能還會進一步細分，我們對細胞啟動的條件、對象和時機的瞭解會越發細緻。

17 在人類發現抗生素之前，治療梅毒的一個辦法就是讓患者再感染上瘧疾。瘧疾引起的高燒會殺死梅毒螺旋體，之後再用奎寧來治療瘧疾。

病）的人現在正在接受蠕蟲療法（用的是鉤蟲），針對其他發炎疾病的臨床治療也正在測試。

這聽起來有點怪誕：有人竟希望——不，堅持要——被寄生蟲感染。他們向醫生求助，醫生給他們的藥是一小杯鉤蟲卵，然後他們就喝下去了。在他們的胃裡，這些卵會孵化，幼蟲會爬出來。然後，不知怎的，患者就感覺好多了。當然，鉤蟲不會存活很久（醫生選擇的物種並不會在人體腸道內存活很久，否則就會有新的麻煩了），因此，過一段時間，患者又要接受新一輪的感染，以維持免疫系統的平衡。

當然，如果我們可以不用蟲子（比如使用其中的有效成分，類似某種「鉤蟲萃取物」的藥物）就可以治療疾病，那就更好了。但是，目前還沒人知道到底哪些成分重要——而且似乎要見效，必須要用活的蠕蟲。

為了解釋關於蠕蟲的這個情況，研究人員提出了「老朋友假說」（old-friends hypothesis），這是「衛生假說」的一個改良版。你也許聽說過「衛生假說」，它已經流傳了很長一段時間，但直到一九八九年才由大衛・斯特拉昌（David Strachan）正式提出。他進行的流行病學調查顯示，那些在農場裡或田野邊上長大的孩子要比那些在城市裡長大的同齡人更少患上過敏。從此之後，「衛生假說」就被用於描述許多不同的觀念，其中一些得到了研究支持，而另一些則沒有。

總的來說，老朋友假說的大意是，人類的免疫系統是在一個充滿微生物的世界裡發育的，我們經常要跟許許多多的微生物打交道。我們已經看到了免疫系統跟腸道微生物的密切聯

繫，但是這樣的親密關係也可能會擴展到病原體。免疫系統已經對一定程度的接觸和較量習以為常了。現代西方社會，是人類有史以來最愛清潔、刷洗、消毒的階段，我們受感染的機會大大減少──但這破壞了免疫系統的平衡。我們的免疫系統習慣了跟某些病原體對抗，一旦沒有了對手，它就會工作失常。因此，嬰兒和小朋友也許最好要接觸一點髒東西。

顯然，你不希望你的孩子臉上有霍亂弧菌，雖然研究人員在二〇〇〇年發現結核病對預防氣喘有幫助，但這並不意味著你要讓孩子染上結核。但是「髒東西」裡含有許多常見病原菌的減毒突變株（不再那麼有害），這可能對孩子的身體有益。沒有它們，孩子日後也許更容易患上免疫疾病──比如過敏和自體免疫病。

問題是，要多乾淨才算乾淨，要多髒才算髒呢？抱歉，我真的不知道答案。。

# 免疫行為

我們的行為免疫反應使得我們對那些似乎是遠道而來的陌生人保持距離，因為他們可能攜帶著某些我們不熟悉的，或者更危險的病原體？

不言自明，抵抗疾病的最好方法就是不生病。避免感染是如此明顯的事情，以至於連那些沒有大腦的生物都會表現出迴避感染的行為。可以說，這也是另外一種免疫能力，近年來的研究稱之為行為免疫系統。不難理解這為何不是一種「真正」的免疫系統，因為它沒有涉及我們談論過的淋巴球、類鐸受體或者其他任何免疫分子。不過，行為策略的確可以對抗感染，有益生物體的健康，而且它們可以部分地傳給後代，因此我們可以談論它們的演化。[18]

行為的某些特徵當然是受基因的影響，對此我們比較確定。但是一旦開始考慮人類行為的哪些部分由基因決定，哪些不是，情況就馬上變得複雜起來。無數的人把他們的職業生涯都用來回答這個問題。人類的行為不易理解，我們不妨暫時把這個難題放一邊，先來看看那些較簡單的生物所表現出的行為

---

18 我們應當小心，避免作出「所有的行為都有益處」這樣的假定。不過，很少有嚴肅的演化生物學家認為我們的行為——或者任何特徵——僅僅通過對我們的益處就可以得到解釋。演化當然不是一個沒有錯誤的機制。

模式。[19]

　　許多生物本能地知道如何辨識並回避受感染的食物，我們會這樣，昆蟲也會這樣。蛾的幼蟲，如果有選擇，會偏愛那些沒有被病毒侵染的葉子（即使這是牠們第一次見到這種受感染的葉子），更大的動物（包括人類）都會避免吃腐爛的肉或水果。

　　有些昆蟲還會吃藥：受到感染的時候，牠們會吃下一些沒有營養價值但會幫助抵禦感染的東西。另外一些昆蟲即使在健康的時候也會這麼做，就像是一種預防措施。帝王蝶會在有毒植物的葉子上產卵，從而避免寄生蟲感染。上文提到過，有些生物會不辭辛勞地在牠們的卵上敷上一層共生菌，以達到同樣的效果。

　　另一些時候，昆蟲會做出相反的調整：在生病的時候，牠們會有意少吃東西。研究人員不是很確定為什麼會出現這種情況，他們猜測，這樣昆蟲能把更多能量用於對抗疾病而不是消化食物，有點像是我們在感冒的時候就不大想吃飯。

　　有些外溫動物會視情況來升高或降低自身的體溫，從而達到抑制乃至消滅病原體的目的。

　　社會性昆蟲，顧名思義，就是那些相對於獨居性昆蟲更喜歡以群體方式生活的昆蟲。這些群體裡的成員經常為了群體更大的（遺傳）利益而犧牲自己的利益（往往是自己的生命）。這使得一些研究人員把整個群體稱為「超級生物體」

---

19 接下來的幾個例子都引自同一篇論文（詳見書末〈延伸閱讀〉）

（super-organism）：其中的每一隻昆蟲都不再是一個個體，而是系統裡的一個組成部分。社會性昆蟲（比如蜜蜂）會從蜂巢中移出死去的幼蟲，就好像人類不會把屍體放在屋裡，也像免疫細胞從人體的循環系統中清除死去的或危險的細胞。

一個有趣的現象是，社會性昆蟲用於「調控」免疫功能的基因似乎比獨居性昆蟲的更少。例如，比起蠅類和蚊子，蜜蜂似乎缺失了許多與免疫相關的基因。這可能意味著，在演化的過程中，蜜蜂發現牠們不再需要昂貴的免疫功能，因為牠們養成了良好的衛生習慣。這些多餘的免疫基因於是在自然選擇的過程中逐漸被清除掉了。[20]

然而這並不意味著行為免疫沒有代價，或者成本更低。控制本能行為的基因和通路也有其代價。目前的研究尚未發現行為免疫比常規免疫在整體上有更明顯的優勢。說到底，它們可能也並不是完全分割的系統：更像是先天性免疫和適應性免疫那樣彼此對話、相互調節，行為免疫可能也是生物體整體免疫系統的一部分。

回頭再說人類：我們有多種方式避免生病，避免把疾病傳給他人；我們吃飯之前會洗手，我們會刷牙，諸如此類。許多行為都是我們長大的過程中學到的──沒有哪個嬰兒生來就會洗手──但是另外一些行為卻是我們一生下來就會的。

不瞞你說，我對所謂的演化心理學這個研究領域始終半信

---

20 另一種可能的解釋是，牠們使用另外的免疫基因和免疫功能，只不過我們目前尚未發現罷了。

半疑，它的研究目的是尋找人類心理和行為的遺傳特徵。這在原則上沒有問題，但是我對其他那些更多依靠推測而來的結論卻不是很接受。話說回來，我們判斷出他人生病並做出反應的能力的確是演化出來的。舉例來說，一項研究發現，即使是看到病人的照片，都會使我們的免疫系統變得更為活躍。另外一項研究試圖闡明我們的厭惡反應，這使得我們避開那些看起來可能有傳染性病原體或者類似危險的東西。「噁心效應」其實根深柢固。比如，膿就是一個很好的例子，什麼東西越是像膿（它是傳染性疾病的產物，而且裡面滿是病菌），人們就越不願意靠近它。

另外一些更富爭議的研究暗示——我要提醒一句這是一個推測性的想法——也許我們的某些文化態度也受到了行為免疫反應的影響。在捷運上，如果遇到一位看起來髒兮兮、身上有味道的陌生人，而且還不停地咳嗽（這可能是我，來打個招呼吧：嗨！），你會對這個人退避三舍，這是本能嗎？還是說，在人類歷史上，我們的行為免疫反應使得我們對那些似乎是遠道而來的陌生人保持距離，因為他們可能攜帶著某些我們不熟悉的，或者更危險的病原體？

我簡直可以看到新聞標題了：「科學告訴我們，排外主義就在我們的基因裡！」不，不，我並不是真的這麼認為，也沒人會這麼認為。不過，這體現了我們的免疫系統影響之深。此外，如果有一些過時的本能在影響我的心智，我想我還是希望知道它是怎麼回事。

　　人類的另外一種行為卻對整個物種的免疫有深遠的影響：有一些人類在學習和研究免疫學。不得不承認，這是一種相當罕見的行為，而且顯然不是演化心理學尋找的遺傳特徵，但是，我將把接下來的一章獻給這個主題。

# 研究的歷程

小時候，我特別不愛吃青菜。我媽想方設法就為了讓我能吃進去一點維生素，但都不奏效。

大約九歲的時候，我在奶奶家過了一個暑假。我奶奶是那種傳統的家長，非常愛她的孫子，因此，對我的營養也非常關心。我的其他堂兄弟都是在農村長大的，他們住在農場裡，修理完拖拉機就吃點甜椒當作點心——

而我這個城裡來的小朋友居然會跟一盤沙拉過不去。在這種情況下，我要怎麼活下去呢？午飯時間到了，奶奶問我要不要吃點蔬菜，我禮貌地謝絕了。然後她一一詢問了我想吃哪種青菜，最後她問我：「你媽媽都不給你青菜吃嗎？」

我說：「她會給我做番茄汁喝。」沒錯，雖然我不喜歡，但

chapter 1

chapter 2

chapter 3

chapter 4

chapter 5

chapter 6

- **天花免疫是醫學史上一次幸運的意外事件！**
- **死去的細菌雖然不能消耗營養，卻依然可以引起人體免疫！**
- **抗體的特異性不是事先就有的，而是感染發生後才做出反應。**
- **為什麼人體會對另外一個人體的細胞做出排斥反應？**

是在夏天媽媽會給我做一杯冰鎮的番茄汁，我發現勉強還能喝下去。奶奶很高興，馬上開始動手做。不一會，我們就在小小的餐桌前坐下來，奶奶在左邊，爺爺在右邊，我在中間，面前是一大杯新鮮壓榨的冰鎮番茄汁。我喝了一口。

直到那一刻，我才恍然大悟：之前媽媽給我這個挑剔鬼做

的，其實都是經過稀釋且加了許多糖的番茄汁。然而現在我手裡捧著的這一大杯，才是百分百純正的番茄汁，不用說，簡直是百分之百難喝。

雖然當時心裡一震，但我馬上意識到：不能讓我的家族榮譽蒙羞。如果我跟奶奶實話實說，或者我臉上表現出了異樣，這可能會進一步惡化奶奶對我家本來

就不高的評價。我是該坦白呢，還是要把這杯「毒藥」喝下去？

接下來發生的事情並不重要，[1] 重要的是我第一次感到新的訊息會迫使你以新的方式去重新思考過去。在科學中，這種情況時常出現，雖然難以下嚥，但是通盤考慮之後，你會意識到這樣是好的。

我打算先來談一談免疫學研究的過去，但是它的現狀卻會不斷地打岔。我們現在對免疫的認識，即前面三章所談的內容，會讓我們看待過去時戴上一副有色眼鏡。我們可能會忍不住只提到那些輝煌的勝利，把過去的發現描繪成許多具有獻身精神的科學家前赴後繼取得的成果。而當我們作為事後諸葛回頭來看的時候，就難以體驗到曾經費盡心思的科學家的努力和艱難，也難以理解當時的科學家怎麼費了那麼大的勁才得到今天我們已經知道的答案（也許在本書一開始，我應該註明：前方有劇透，請小心！）

如果我們不是非常小心，對科學史的解讀可能會誤入歧途。我們可能會為那些找到了正確答案的科學家拍手稱快，而為那些誤入歧途的研究者感到遺憾（也許還有一點點自視高明），這既不公平，也不正確。想一想在哥白尼之前的天文學家，他們試圖在以地球為中心的宇宙觀裡理解星辰的運動規律；想一想那些篤信「自然發生論」（比如腐肉生蠅）的人，他們的頭腦可是跟你我一樣健全；再想一想過去的醫生，他們在對心臟或其他內臟器官或血液循環毫不知情的情況下就試圖理解並治療疾病。將過去的勝利者視為英雄，而將過去的失敗者當作傻瓜，這兩種簡單的認同方式都是一樣的不妥，甚至是一種罪過。

---

1 如果你真的想知道的話，那就是：我端起杯子，一口一口終於喝完了番茄汁，啊，真是難以言喻的美好時光。

免疫學的發展史上不乏見解的矛盾和衝突。作為醫學和基礎科學融合的產物，免疫學也同時繼承了兩種不同學科的習慣、目標和思維方式。舉例來說，免疫學裡有相信臨床醫學的陣營，也有相信基礎醫學的陣營；有支持細胞學派的陣營，也有支持體液學派的陣營；有鼓吹指導理論的陣營，也有鼓吹選擇理論的陣營；有推崇免疫化學及免疫系統特異性的陣營，也有推崇免疫生物學及非特異性的陣營。有一些爭論已經達成了共識，還有一些爭論仍在繼續。

對疾病的研究從人類文明之初就開始了，但對人類免疫系統的研究則是相對晚近的事情，從十九世紀下半葉科學家意識到細菌可以導致疾病算起來，免疫學也只有一個半世紀的歷史。接下來，我們先來看看在那之前是什麼情況，然後再看免疫學如何登上舞臺以及後續的發展歷程。

限於篇幅，我無法講述全部的故事。不過，它也許不算是一個故事。它更像是一系列彼此關聯的事件構成的一張網：其中有與公共衛生和流行病學相關的免疫學歷史，有政治領域裡的免疫學，免疫學與生物產業，一些科研機構變遷所體現的免疫學的社會史，比如法國的巴斯德研究院（Institut Pasteur）、德國的科赫研究所（Koch Institute）和美國的洛克菲勒基金會，以及科研經費如何塑造了科學研究，不一而足。即使我們暫且不談這些，而僅僅關注實驗室和診所裡發生的事情，這仍然是一項艱鉅的任務，而且不乏一些嚴肅的德國教授彼此吹鬍子瞪眼。關於免疫學的歷史以及曾經的爭論，已有多部大部頭著作出版，我在書末的〈延伸閱讀〉中列出了一些。本章要談的是我認為特別值得一提的幾段故事。

免疫、免疫的角色、免疫的功能——這些都是人們到了十九世紀末認識到的。不過，免疫「系統」的概念則是晚近才提出。「系統」一詞暗示著連貫、交流、調控、整合以及一個共同的目標或功能。歷史學家安

139

妮—瑪麗・莫林（Anne-Marie Moulin）曾指出，「免疫系統」這個詞是一九六〇年代末期才出現的。我們稍後會看到，究竟是哪些因素使得關於免疫功能的不同觀念最終形成了我們今天熟悉的「系統」。

# 遠遠早於那個時代

**當十四世紀的黑死病抹去了歐洲大陸三分之一的人口之後，歐洲的先賢們必須要面對無數不容置疑的證據，這些證據表明：疾病並不總是來自身體內部。**

吉羅拉莫・法蘭卡斯特羅（Girolamo Fracastoro）認為，眼炎可能會通過患者看到另一個人而進行傳播，就像是一種類似狗的動物——被稱為「卡塔本萊法」（catablepha）——的凝視，據說這可以殺人於近一公里之外。[2] 他認為，擊打用狼皮做成的鼓可以撕裂羊皮做成的鼓。他對梅毒的解釋是，這是奧林匹亞諸神的顯靈，是太陽輻射對地球的影響。

當然，在今天看來這非常荒唐，無異於天方夜譚。不過，今天我們之所以還提到他，是因為他也有一些非常具先見之明的觀念。

法蘭卡斯特羅生於一四七八年，是一位醫生、地質學家、詩人、天文學家、數學家。當然，這些都是我們今天給他貼的標籤；作為一位真正的文藝復興人，法蘭卡斯特羅本人未必同意我們的界定。比如，他的名作《梅毒》就是關於梅毒這種疾

---

2 法蘭卡斯特羅並沒有發明「catablepha」這個詞，這是當時人們認為存在的一種野獸。我猜他本人並不相信真有這種動物，但是據我所知，他講得栩栩如生。

病的（事實上，正是他給這種疾病命名的），還是一首三卷的長詩。

在法蘭卡斯特羅看來，接觸傳染也就是腐爛從一個生物體傳播到另一個生物體——就好像從一顆果子傳播到另一顆果子，從一棵樹傳播到另一棵樹，從一個人傳播到另一個人。法蘭卡斯特羅認為，腐爛原則上可以按多種方式進行：一些疾病可以在遠距離內傳播，有些則必須通過接觸，另外一些則通過「種子」來間接傳播（每一種疾病都有它特殊的「種子」），它們可能隱藏在受汙染的材料裡，然後在宿主體內繁衍。

最後一點是不是看起來很眼熟？把「種子」換成「細菌」，這就是現代細菌理論了，而且提到了病因的專一性（因此，治療也需要專一）和傳播途徑，等等。比巴斯德和科赫早三百年，法蘭卡斯特羅就已經提出正確的解釋了。早在一五四六年，在人類尚未發明顯微鏡，也不瞭解微生物的時代，法蘭卡斯特羅就完成了他的著作。可嘆啊，那個時代（就像我前文提到過的），人們尚不瞭解血液循環系統。僅僅在三年前（一五四三年），人們才剛剛發現地球可能是繞著太陽運轉，而不是太陽繞著地球轉，而且，當時大部分人仍然不相信前者是真的。法蘭卡斯特羅是一個天才嗎？如果人們都聽他的，是不是會免去幾個世紀裡遭受的病痛呢？

對人類來說，疾病一直都是一個難解之謎。疾病到底是什麼？疾病是從哪裡來的？為什麼有些人會得病，而另一些人卻不會？為什麼會有如此多種不同的疾病？最重要的是，

我們該如何治癒疾病？答案取決於你生活的地點、年代以及你信奉哪一個流派的觀點。以歐洲為例，在十九世紀之前，無論是古希臘的希波克拉底（Hippocrates）還是古羅馬的蓋倫（Galen），他們都認為疾病源於上帝的旨意以及／或者是身體內四種體液的失衡。此外，人們也經常懷疑疾病是受惡魔的影響。空氣裡難聞的毒氣，叫作瘴氣，也可能會滲入人體，引起腐爛，導致疾病。古代、中世紀、文藝復興時期、近代初期、現代的醫生和學者都試圖理解疾病，並為患者提供有效的治療。

我們延續了這個傳統──現在，我們討論的是遺傳因素、環境因素、免疫功能不全患者，等等──而且我們可以大膽地說，在這些方面我們的認識取得了長足的進步。我們知道了傳染病如何傳播、如何致病；我們認識到了微生物，因為我們可以在顯微鏡下看到它們。但是法蘭卡斯特羅僅僅靠思考就推測到了它們的存在。

但，果真如此嗎？法蘭卡斯特羅提到的「種子」真的是微生物嗎？在理解古人用詞的含義時，我們需要特別小心──因為詞語會變化，含義也會改變。閱讀法蘭卡斯特羅的作品可以發現，很顯然，法蘭卡斯特羅並不是在談論活生生的生物。他認為傳播疾病的「種子」是無生命的實體，就像洋蔥裡會使我們流淚的物質（這個例子是法蘭卡斯特羅書裡提到的）。它們可以在宿主體內繁衍，但是它們也會從天空來，是大氣或行星的變化創造了它們。如果我們繼續向前追溯就會發現，法蘭卡斯特羅的解釋來自一個古老的哲學流派，它的基本原則是世界

萬物相愛相厭，相愛者彼此吸引，相厭者彼此排斥。當然，在現代人看來，這幾乎是無稽之談。法蘭卡斯特羅是一個聰慧之人，但他也無法擺脫時代的侷限，他並不是黑暗時代裡的燈塔。

　　法蘭卡斯特羅也不是第一個提出接觸傳染會引起疾病的人。當十四世紀的黑死病抹去了歐洲大陸三分之一的人口之後，歐洲的先賢們必須要面對無數不容置疑的證據，這些證據表明：疾病並不總是來自身體內部。許多卓越的頭腦都試圖來理解這個世界，他們得出了五花八門的結論。許多法蘭卡斯特羅同時代的人都在討論接觸傳染。當然，這仍然是上帝的意志，在當時沒人對此有公開異議，但是上帝的意志也需要通過生理手段體現出來。法蘭卡斯特羅也不是第一個提出疾病源於「四種體液的失調」——跟他同時代的大名鼎鼎的帕拉塞爾蘇斯（Paracelsus），在更早的時候就提出過這種觀念。

　　法蘭卡斯特羅的理論只是許多相互競爭的理論之一，它們大都跟接觸傳染的機制有關。它對同時代人和後來的學者有一些影響，但也招來了一些批評。回頭來看，他的一些觀念都非常接近正確，不過雖然它們已經接近真相，但並不是那麼顯而易見。話說回來，很少有哪個觀念是不證自明的。正是這些有點混亂、有點嘈雜的對話，我們現在稱其為「科學」。

# 愛德華·金納與疫苗

**人們總是談疫苗色變，對疫苗的排斥情緒實在不算什麼新鮮事了。幾乎每一次試圖引入人痘接種或者疫苗接種的嘗試都會遇到質疑、抵制乃至敵視。**

　　如果我們快進幾個世紀，就會發現人們已經普遍接受了「有些疾病是通過接觸傳播的」這種觀念。其中一個例子是天花，它已經困擾人類長達數千年之久。人們慢慢觀察到，曾經患過天花的人就不會再患，不同地方、不同時代的人都曾想到過進行「人痘接種」，也就是從天花患者身上的膿包裡取一點膿出來，嵌入到健康人的皮膚下，雖然接種者接下來會表現出輕微的疾病症狀，但從此以後，就不會再得天花了。

　　在十八世紀初，人痘接種法從土耳其傳到了英國。這花了一些時間，而且是在英國駐土耳其大使的夫人，瑪麗·沃特麗·孟塔古夫人（Lady Mary Wortley Montagu，她自己的兩個孩子都接種了人痘）的堅持之下，英國的醫生才接受了這種新方法。在一七二二年，六位囚犯最先接種了人痘，效果甚好。[3] 確認過這套辦法對兒童也是安全的之後（一個孤兒院裡所有的孩子都參與了試驗），英國皇室成員終於確信可以對自

---

3 特別是對他們自己：由於他們參與了試驗，國王赦免了他們的死刑。

己的孩子進行接種了——對英國人民來說，沒有比這更好的支持了。等到愛德華·金納（Edward Jenner）出場的時候，國王們已經給他們的軍隊、孩子和他們自己接種了人痘。民眾紛紛效仿。

人痘接種對於抵禦天花相當有效，當然，有時它也會使一些人得病。這套接種辦法也可能引發其他感染——畢竟，這不是在無菌條件下操作的。當時的人們還沒有無菌的概念。對孩子來說，人痘接種也是一項風險相當高的操作，因為孩子對天花格外敏感。儘管如此，因接種而導致的死亡率只有天花本身導致的死亡率的十分之一，對大多數人來說，這已經夠好了。

當然，人痘接種也招來了許多非議。不少醫生認為把病原體接種到健康的身體上是危險的，因此斷然拒絕接受這些醫學知識。接種過的人可能會把疾病傳播給未接種過的人，而由於接種較昂貴，這往往意味著，疾病會由富人傳染給窮人。此外，由於宗教的因素，之前人們認為天花是對罪的懲罰，預防天花也就相當於在抵制上帝的旨意。除此之外，接種這種行為本身也是有罪的。「康健的人用不著醫生，有病的人才用得著。我來本不是召義人，乃是召罪人。」（《馬可福音》二：十七）。在一七二一年的波士頓，美國牧師科頓·馬瑟（Cotton Mather）和扎布迪爾·博爾斯頓（Zabdiel Boylston）醫生試圖透過人痘接種來對抗當時流行的天花（馬瑟是從一位非洲黑奴那裡學來的），他們遇到了非常大的阻力；在敵意最嚴重的時候，有人甚至往馬瑟的家裡丟了一顆

拉開的手榴彈。

　　儘管如此，人們還是逐漸接受了人痘接種。當美國獨立戰爭爆發的時候，喬治・華盛頓（George Washington）率領的大陸軍隊士兵被嚴禁進行接種，因為華盛頓無力為他的軍隊安排一個月的恢復期，因此，他寧願選擇對天花患者進行隔離。[4]與此同時，英國軍隊或者接種了人痘，或者由於之前的感染已經具備了免疫力。因此，一七七六年華盛頓的軍隊無法從英國軍隊那裡攻下魁北克，因為當時正好有一場天花在軍營裡肆虐。翌年，華盛頓的軍隊招募新兵的時候，接種人痘成了他們徵兵流程裡的常規項目。

　　現在輪到疫苗登場了。愛德華・金納被認為是發明疫苗接種的第一人。他的確是在一七九六年自己想到了這個主意，並付諸實踐，但他並非第一人。早在二十多年之前，一位名叫班傑明・傑斯特（Benjamin Jesty）的農民就對他的家人進行了接種，避過了一七七四年的瘟疫。他們的故事相當類似：他們都是在鄉村長大，都很瞭解他們的擠奶工，都觀察到了一個現象，擠奶工每天接觸乳牛以及感染牛痘的乳牛，而這些人很少患上天花（在製乳業，這是一個眾所周知的事實）。他們都猜測到，接觸到乳牛的牛痘可以保護人不得天花。[5]他們都動手

---

4 儘管如此，一些士兵還是私下進行了人痘接種。
5 這個擠奶工不受天花感染的故事，可能是事後杜撰出來的。歷史學家亞瑟・博伊斯坦（Arthur Boylston）在《擠奶工的神話》（*The Myth of the Milkmaid*）中提到，金納的知識很可能來自同行醫生的臨床觀察，而不是觀察那些年輕可愛的擠奶女工。

檢驗了他們的猜測：傑斯特從一位鄰居受感染的乳牛身上取得了新鮮的樣品，並且就地用他妻子的縫衣針感染了她和他們的兩個孩子（分別是兩歲和三歲）。金納則從一位擠奶女工身上取得樣品，並在一個出身貧寒的八歲兒童詹姆士·菲普斯（James Phipps）身上進行了接種。

接下來他們做的事情就不大一樣了。傑斯特，這位農夫，照樣按部就班地生活。他的妻子接種之後病了一場，然後就恢復了。他的一些鄰居認為他為了一個瘋狂的念頭而魯莽地置家人的性命於不顧，是個匪夷所思的人。另一些鄰居則持較正面的態度，而且有證據表明，他對當地其他人也進行了牛痘接種。官方直到一八〇五年才認可他的貢獻，這距離他最初進行接種試驗已經過去三十年了（金納也剛剛在幾年前才把他的實驗結果公之於眾）。傑斯特受邀來到倫敦，向原創疫苗天花研究所（Original Vaccine Pock Institute）彙報了他的試驗。傑斯特帶著他已成年的兒子羅伯特，羅伯特同意作為志願者來證明他父親的治療方法確實有效。傑斯特甚至還帶去了他自己的肖像畫；這幅畫留存至今，在這幅畫裡，傑斯特穿著農民的行頭（來倫敦之前，他的家人曾建議他打扮一番，但他拒絕了）。這次小小的認可，以及他的家人都能健康地活著，都源於他大膽的創新。

另一方面，金納是位醫生，也是位學者。他把試驗結果寫成了簡報，並遞交給皇家學會。在最初的報告被拒絕之後，金納又對更多的孩子進行了疫苗試驗，包括他自己的小兒子，然後他的第二份報告就被接受了。在此之後，金納開始致力於推

廣疫苗接種，實際上，這成了他下半生一直在努力的一項事業，使他成了英國乃至整個歐洲的一位名人，當然，也引來了不少非議，但更多的是表揚，英國議會甚至頒發了津貼給他。[6]從此之後，我們就有了疫苗。

我有時會想，如果傑斯特選擇跟世界分享他的發現，結果會怎麼樣？會有人認可他嗎？還是說，疫苗接種必須來自一個受過專業訓練而且有一定名望的人？我推測後者才是真的。有證據表明，傑斯特不是唯一一個比金納更早進行牛痘接種的人。根據記載，起碼還有一個人也嘗試過接種牛痘，而且有人推測希臘的牧羊人也使用過羊痘進行疫苗接種。但是，由於金納的地位，他的發現得到了整個社會的認可。

在我們轉而討論十九世紀的免疫學之前，我想先指出本節一再出現的幾件事情，也許你已經注意到了。第一，許多早期試驗的對象都是兒童，特別是試驗者自己的孩子。在一定意義上，這不難理解——你必須在那些之前沒有接觸過這些疾病的人身上進行試驗，就此而言，兒童顯然是一個更穩妥的選擇。孟塔古夫人、金納和傑斯特（以及喬治·華盛頓）之前都得過天花，因此，即使他們願意，他們也無法在自己身上進行試驗。另外，在自己孩子身上進行測試也是一個非常令人信服的舉動。不過，從另一個意義上講，這種做法非常惡劣：你怎麼能用孩子的生命做賭注呢？

---

6 金納也是皇家學會的會員，但並不是因為疫苗方面的工作；他最先觀察到了在其他鳥巢中孵化出的杜鵑幼鳥，會把其他小鳥丟出鳥巢。

毫無疑問，這些做法在今天是完全非法的。我們都有生而為人的基本權利，孩子當然也有。人不應該把他們的孩子，或者任何人的孩子，這樣隨便用於醫學試驗。不過，這也引起了一個令人不安的想法：如果十八世紀的社會更加文明，禁止了這類醫學試驗，那麼人痘接種和疫苗也許無從發展出來，或者起碼可能要更長時間才會被接受。這些非常不符合倫理的醫學嘗試最終挽救了無數人的生命。我曾經反覆思考這個問題，但是至今也沒有答案。

　　第二點是，人們總是談預防接種色變，反對疫苗的聲音從一開始就有，後來也一直存在。對疫苗接種的排斥情緒實在不算什麼新鮮事了。幾乎每一次試圖引入人痘接種或者疫苗接種的嘗試都會遇到質疑、抵制，乃至敵視。問題在於，接種疫苗最初是民間行為，醫學主流斥之為沒有道理的迷信。今天，醫生和科學家卻是疫苗最堅定的支持者。這種轉變是怎麼發生的？

　　即使是在疫苗接種成為常規方式的許多年後，科學家對於免疫的機制依然沒有給出很好的解釋。疫苗領域的開拓者們缺少一套系統的理論。你要如何解釋為什麼接觸其他人的天花或者牛痘，會保護你不受後續感染？我們現在知道，保護來自免疫記憶，我們會談論在接觸天花病毒之後身體會發起初級免疫反應，形成記憶B細胞留在體內，但是金納和他同時代的人根本不知道免疫系統這回事。他們完全是通過觀察牛和擠奶工，加上聽來的國外傳聞，提出了他們的推測。

　　缺乏理論對於醫學實踐者來說不是太大的問題。醫生喜歡

結果，只要治療有效（或者說看起來有效），他們往往也不甚關心為什麼病人能被治癒。天花疫苗接種之所以被接受，是因為實際結果是好的。儘管如此，沒人知道為什麼它如此有效，因此，醫生也不知道要如何把這套辦法用於治療其他疾病。天花疫苗接種是醫學史上一次幸運的意外事件，要理解免疫的機制，還需要再等上很多年的時間。

# 病菌理論

巴斯德通常被稱為「免疫學之父」，從許多方面而言，這都沒錯，但他是一個細菌學家，他關於免疫學的理論也是從細菌學的角度提出來的。

對生物學者來說，十九世紀中葉是一個激動人心的時期。生命之謎的巨大拼圖逐漸開始成形。細胞理論提出所有生物體都是由單個細胞組成，並逐漸成為主流認知。對生物學來說，細胞成了結構與功能的基本單位，就像之後物理學中的原子。現在，研究的焦點是細胞，而不再是器官或組織。人們發現細胞還有自己的亞結構，即胞器，它們也會複製。到了一八五五年，魯道夫‧魏修（Rudolf Virchow）作了一句雋永的總結：所有的細胞都來自細胞（*Omnis Cellula e Cellula*）。如果細胞對於理解生命至關重要，那麼對於理解疾病也是如此。

在另一個領域，病菌理論登上了舞臺。細菌學家，比如羅伯特‧科赫（Robert Koch）、約瑟夫‧李斯特（Joseph Lister）、埃米爾‧馮‧貝林（Emil von Behring）、路易‧巴斯德（Louis Pasteur），證明了是病菌導致了疾病，而且，更準確地說，特定的病菌會導致特定的疾病。巴斯德也表明，細菌只能來自其他細菌，有力地打擊了長久以來的「自然發生說」——即，生命可以從無生命物質中自然產生的觀念。[7] 與

此同時，在英國，查爾斯・達爾文於一八五九年發表了《物種起源》，為生物學提出了指導性原則。

當然，這個過程進行得並非一帆風順。只要看看這三個領域的翹楚是如何看待彼此的就一目瞭然了：魏修對於病菌理論並沒有什麼好感，他認為人生病的主要原因是細胞沒有正常工作。對於達爾文的演化理論，魏修也頗有微詞，他認為這套理論缺乏證據，更糟糕的是，這會助長某些主義的傳播，魏修作為政治活躍人士、社會改革者與公共衛生的支持者，對特定的意識型態非常憎惡，在他看來，這跟宗教界的保守勢力如出一轍。另一方面，巴斯德也反對達爾文的演化論，因為他認為這不過是自然發生說的另一種詭辯，更糟的是，對於信奉天主教的巴斯德來說，演化論有悖於《聖經》裡的創世描述。簡言之，如果來自未來的時間旅行者回到十九世紀，告訴這三位科學巨匠他們都是正確的，可能沒有一個人會相信。

之所以提到生物學的發展史，是因為它跟免疫觀念的後續發展密切相關。我稍後會談到演化觀念的重要性。細胞理論為研究者如何發現細胞、看待細胞、理解細胞提供了一個概念框架。沒有這種思考模式，人們就不會注意到在身體各處（而不僅侷限在那些容易辨認的器官）出現的免疫現象。最後，病菌

---

7 在我的第一本小書《微小的奇異世界》（*Small Wonders*）裡，我提到過，這個故事其實更加複雜：巴斯德的實驗是有漏洞的，並沒有拿出堅實的證據表明「自然發生」並未發生。自然發生說並未徹底被證偽，直到二十世紀還有一批支持者。不過，巴斯德對自然發生說的否定成了人們的共識。

理論為醫學科學提供了一項無價的資產：一個明確的科學問題。

在此之前，沒有人研究過免疫系統，因為沒什麼理由會讓人想到有這種東西存在。當我們發現病菌可以感染身體並造成傷害之後，人們就需要解釋是什麼因素在阻止這樣的事情發生。最終，在人們找到了疾病的源頭之後，他們開始更細緻地研究人體。

巴斯德的職業生涯為我們理解當時的醫學研究提供了有益的參考。他的職業是化學家，不是醫生，由於對發酵的研究[8]（他發現發酵其實並不是一個化學過程，而是一個生物過程），他迷上了生物學和醫學。從此之後，他逐漸澄清並建立了病菌理論，為人和動物的疾病提供了解釋。歷時多年，他治癒了蠶病、牲畜的炭疽病、雞的霍亂，最後，用狂犬病疫苗挽救了一個被瘋狗咬傷的兒童的生命（如果當時嚴格要求行醫執照的話，巴斯德也許會陷入巨大的麻煩，也不會有今天的盛名）。

總而言之，他的職業生涯可謂輝煌，不過，我無意再次稱頌他的卓越貢獻；我想說的是，雖然巴斯德做了所有這一切，不過，跟前人一樣，他並不認為身體能對攻擊它的病菌做出抵抗。一八八〇年，為了解釋他成功證實的「獲得性免疫」現象，他提出了一個理論。

故事是這樣的：有一天，在使用霍亂病菌感染雞的時候，

---

8 他受僱來幫助法國的釀酒業解決紅酒變質的問題。

巴斯德偶然使用了一批放了很久的培養基，這些受感染的雞並沒有馬上生病——此外，牠們對霍亂也有了抵抗力。這也是一個獲得性免疫的例子，很像我們之前在天花病例中看到的例子，只是這次出現在動物疾病中，而不是人類疾病，因此可以繼續實驗。後來發現，這種可以賦予抵抗力的培養基是被弱化過的——由於過度接觸氧氣而「變弱」了。[9]巴斯德打算以人工方式複製這種弱化的培養基，於是開創了疫苗接種實施。在巴斯德之前，只有天花可以進行疫苗預防，因為只有牛痘可以很方便地進行取樣和接種。現在，他說了，我們也可以使用弱化的病菌來對其他許多疾病進行疫苗接種！

　　這種觀念也許過於樂觀了。不是所有的疾病都這麼容易「弱化」；開發疫苗是一件非常複雜的任務。但是，它的原則是沒有問題的，從此以後，疫苗也的確是按照這種原理進行開發：在人體中使用弱化的或者非活性的細菌或病毒。

　　所有這一切都非常激動人心，而且的確有用，但是為什麼會這樣呢？巴斯德的解釋是這樣的：一個特定的細菌感染了人體，進而站穩了腳跟，繁衍生息。為了實現這個目的，細菌就需要從環境中攝取營養。由於每一種細菌都有獨特的營養需求，包括許多含量很低但至關重要的「微量元素」，一旦細菌用完了身體裡的這些營養，它們就會死於飢餓。如果身體後來再次感染上同樣的細菌，這些新的入侵者找不到食物，也就無法存活。由於不同類型的細菌有不同的營養需求，因此一種細

---

9 據說，最初的弱化培養基放了好幾個月之久。

菌引起的免疫對另一種細菌就沒有作用。

　　巴斯德的清除理論（類似的理論已經有人提出過了）跟他在實驗室的觀察直接相關。細菌學研究的新方法和最新進展意味著，研究人員終於可以進行純培養了——即，在一個容器裡只有一種細菌，研究人員可以專門研究它。這是一個重大突破，徹底改變了生物學（我認為，也改變了世界）。在巴斯德的實驗室培養基裡，不同的細菌的確需要不同的營養，否則它們就無法生長（直到今天，許多實驗室仍然為此付出大量勞動）。如果你把一個細菌細胞丟進一個含有它喜好的營養的燒杯或者培養皿上，細菌就會像巴斯德所說的那樣，不受控制地繁殖，直到耗盡營養，細菌最終也死去。巴斯德於是把這套動態過程引入到人體，不過他看不到體內發生的主動防禦功能；它只是一個容器，從這個角度來說，身體跟實驗室的燒杯並沒有太大的不同。

　　巴斯德的理論並沒有延續多久。在一八八〇年之後，由於新的研究——比如，死去的細菌雖然不能消耗營養，卻依然可以引起人體免疫——他也很快放棄了自己的這套理論。我之所以講這個故事，是因為在我看來，這標誌著「前免疫學」時代的結束。巴斯德通常被稱為「免疫學之父」，從許多方面而言，這都沒錯，但他是一個細菌學家，他關於免疫的理論也是從細菌學的角度提出來的：細菌發揮了主要的（乃至唯一的）功能，身體只是扮演了被動的角色。

# 細胞 vs. 體液

> 細胞學派是從生物學的角度立論,在他們看來,免疫來自
> 活細胞與外源抗體的相互作用。與此相反,體液學派則是
> 從化學的角度立論,核心是抗體。

　　一九〇八年的諾貝爾生理學或醫學獎由埃黎耶・埃黎赫・梅契尼可夫(Ilya Ilyich Mechnikov)和保羅・埃爾利希(Paul Ehrlich)共同獲得,這很公平,因為他們兩人代表了免疫學研究裡兩個相互衝突的學派。

　　我們先來看看梅契尼可夫,他的鬍子更有型。他是一位俄國動物學家,在西西里安安靜靜、勤勤懇懇地研究海洋無脊椎動物的消化系統。一八八二年的某一天,他正在顯微鏡下觀察海星的幼蟲,忽然想到了一個主意:在幼蟲內那些游動的細胞也許可以幫助海星抵禦感染,就像人體內的白血球可以在身體受感染的部位聚集。於是他把一些刺扎到幼蟲體內,第二天早晨,他觀察到那些本來游動的細胞已經停止游動,並在被刺的部位聚集了起來。隨後,在對無脊椎動物和兔子所做的實驗中,他確認了自己的發現:某些白血球在特定的條件下會攻擊、吞噬、消化外源入侵者,從而保護身體免受感染。於是,他把這些細胞稱為「吞噬細胞」。

　　梅契尼可夫的貢獻不僅僅是第一個注意到了這種現象,在此之前,人們也觀察到細胞內有細菌,但從來不知道它們在那

裡做什麼。梅契尼可夫的吞噬細胞理論把這些不同的觀察聯繫了起來，從而為免疫問題提出了一個統一的解釋，這是巴斯德和前人所沒能實現的。免疫系統從此被理解為全身的特徵，而不再是只在感染發生部位的局部特徵——這種觀念一開始並不明顯。免疫學能夠成為科學，而不僅僅是醫學的一個分支，梅契尼可夫功不可沒。

不僅如此，他還是對發炎現象提出合理解釋的第一人。在此之前，發炎被視為一個「有毒」的過程，是一個需要解決的問題。梅契尼可夫意識到，也許發炎本身不是問題，而是一段自癒的過程。當然，發炎可能成為問題——我們仍然需要使用抗發炎藥物——但這並不是因為發炎本身是壞的，而是因為它偶爾會失控。

科學家在提出一套新的理論後，往往會由於激動而過度使用這套理論來解釋不同的現象，梅契尼可夫也不例外。他利用他的理論解釋了很多現象，比如，他認為，發炎是人體對各種問題的一般性反應。此外，他也提出，吞噬細胞會吞噬神經元，從而引起神經退化性疾病；吞噬細胞吞噬頭髮中的色素，從而使頭髮變得灰白。

梅契尼可夫的觀念依賴的是魏修提出的「疾病的細胞基礎」理論，然而，一種古代醫學理論——體液說——的現代更新版對其發起了挑戰。

曾經主宰了醫學好幾百年的「四體液說」，已經是明日黃花。取而代之的理論認為，血液中的非細胞成分可以保護身體免受感染。一八八六年，匈牙利科學家約瑟夫・福多爾

（Joseph Fodor）發現，人體的血清可以殺死細菌；一八九〇年，埃米爾·馮·貝林發現了血清裡的有效成分——我們後來稱之為「抗體」。

在此之後，研究人員又做出了更多的發現，也引發了一些爭論。一個陣營是細胞學派，以梅契尼可夫（他當時在巴黎的巴斯德研究院工作）和他的多數法國學生和同事為代表，他們認為，細胞是人體免疫應對外源抗原的主戰場；另一個陣營是體液學派，大多數是德國人，他們認為，免疫的主力是血清裡的成分，包括抗體和我們今天叫作補體的成分。

這兩個學術陣營恰好也分別屬於兩個國家：法國和德國（補充一點，當時的德、法兩國可不太友好）。粗略地說，細胞學派是從生物學的角度立論，在他們看來，免疫來自活細胞與外源抗體的相互作用。與此相反，體液學派則是從化學的角度立論，核心是抗體。抗體從哪裡來？它們是怎麼形成的？抗原的特異性是從哪裡來的？在當時，蛋白分子（特別是酶）的特異性是一個研究焦點，而抗體只不過是一個重要的例子。

免疫生物學家和免疫化學家對問題的理解不同，採取的方法也有差異。兩個陣營在理解身體免疫的機制以及把這種理解用於臨床上都取得了長足的進展。第一屆諾貝爾醫學獎（一九〇一年頒發）頒給了埃米爾·馮·貝林，以表彰他開發出針對白喉的血清療法。事實上，這並不是諾貝爾獎最後一次青睞免疫學。進入二十世紀，人們逐漸意識到，細胞學派和體液學派的方法各有千秋——於是他們共享了一九〇八年的諾貝爾獎。免疫學是一個熱門學科，不過，體液學派似乎更受青

睞。

　　體液學派的方法更有聲有色一些。很長一段時間，體液免疫佔據了主流，而細胞免疫退居幕後。部分原因在於，抗體要比細胞更容易開展研究工作。它們更容易合成、分析和定量，因而更易於研究。細胞有一個複雜的、自動化的構造，而抗體雖然很大，但畢竟是單分子，因此在幾十年裡，抗體研究出現了許多有趣的結果。

　　我們現在知道，細胞免疫和體液免疫彼此相互補充。正如「盲人摸象」的故事所講的，早期的免疫學家只是「摸」到了免疫系統的不同部位。不過，我們至今也沒有瞭解到大象的所有細節，當然，也有可能，它根本不是一頭大象。

# 抗體是怎麼工作的？

**免疫系統遇到抗原的時候會選擇性地應對。抗體的特異性並不是事先就有的，而是在感染發生之後才做出的反應。**

　　雖然細胞免疫和體液免疫在二十世紀的前幾十年裡爭論不休，但兩個領域的研究者都接受，甚至在某種程度上擁抱了演化理論。像巴斯德那樣對自然選擇的拒斥態度已經一去不復返了。

　　兩者相比，梅契尼可夫的細胞免疫學更主動地接受了演化理論，在該理論提出的早期，當他觀察海星體細胞聚集的時候，這一點已經很明顯了。他正確地假定，雖然這種類型的細胞是在低等的、看似外星生命的生物體裡發現的，但是在「更高級」的生物體，包括人體裡，也會出現。梅契尼可夫認為，要理解疾病，不能只看一種生物體，而是必須同時考慮兩種生物體：宿主和病原體之間的生存鬥爭。梅契尼可夫對這個過程的理解並沒有失之簡化，他認為這種鬥爭的結果不是零和的輸贏遊戲，而是包含了各種可能性（他就是最早提倡「益生菌」的研究者之一）。

　　另一方面，體液免疫學者對於演化理論並不是很關注，畢竟，這不是任何化學理論的基礎。他們也更少思考那些惱人的問題，比如自體免疫。對他們來說，主要任務是理解抗體，但

是問題在於：抗體如此之多，要從哪裡入手呢？

　　一開始，免疫學家認為，感染性疾病沒那麼多，因此，我們可以放心地假定人體有能力對所有存在的疾病產生抗體，就好比身體一出生就「知道」要合成各種酶類來消化食物。

　　埃爾利希於一九○○年提出的側鎖說（side-chain theory），是選擇理論（selectionist theory）的一個代表，它預示了現代的免疫受體概念。他認為，免疫細胞表面的蛋白質具有「側鎖」，可以與特定的抗原發生作用。隨著人們的發現越來越多，這些理論逐漸失去了解釋能力。一個日漸明顯的事實是，抗原的種類實在太多了。更重要的是，人們開始在實驗室裡合成人造化合物，注射進動物體內，然後動物就會分泌出抗體——當時我們尚不理解它的本質。如果針對每一種抗原都有一種抗體，那這意味著我們需要跟抗原一樣多的抗體，而鑑於抗原的數目如此之多，這似乎是不可能完成的任務。那麼，這些特異性的抗體是從哪裡來的呢？

　　如果這個問題在一個世紀之前提出來，那麼回答是：全知全能的上帝會在人體內準備好足夠多的抗體。不過，這套思路在現代人這裡已經行不通了。

　　一些理論家認為，抗體其實是抗原的修飾形式。感染發生時，抗原被人體吸收，然後經過重排，就可以針對性地對付原來的抗原了。之後，這套理論經過改良成了「指導主義」（instructionist）：抗原可以「指導」抗體的形狀，即，免疫系統遇到抗原的時候會選擇性地應對。抗體的特異性並不是事先就有的，而是在感染發生之後才做出的反應。美國化學家萊

納斯・鮑林（Linus Pauling）在一九四〇年提出的摺疊模板理論（refolding template theory）就是指導主義的一個代表：在他的模型中，進入人體的抗原會遇到一個未成熟的抗體分子，後者隨後會把抗原包裹起來，根據抗原的形狀來形成新的輪廓。然後，這個「模板」進入一個能產生抗體的細胞裡，大量複製，從而產生無數同種類型的抗體。

「指導主義」理論的整體概念看似很合理：它為特異性的產生提供了一個合理的解釋。不過，這個理論並沒有流行多久，因為很快實驗室的證據就把它推翻了。

抗體的多樣性是如何產生的？這其實是一個無比複雜的問題：科學家們絞盡腦汁也沒有猜透身體的這個奧祕。這個問題直到一九四九年才得到解答，澳洲病毒學家弗蘭克・麥克法蘭・伯內特提出了他的株落選擇理論（clonal selection theory，CST）。這是選擇理論中的佼佼者，而且其本質是演化理論，雖然它乍看起來似乎太過複雜，但是實驗表明，身體就是這麼複雜。

# 選擇

我們不難想像，身體會對細菌或病毒做出特定的免疫反應，但是為什麼人體會對另外一個人體的細胞做出排斥反應呢？我們是否可以控制這種反應來實現移植？

不瞞你說，我家的客廳過去幾天有點亂糟糟的，這是因為我的大兒子試圖用他的玩具火車軌道模擬墨爾本的火車交通系統。他特地查了地圖。就像實際鐵路系統那樣，他也遇到了空間不夠、硬體不足的問題。當然，他不會遇到交通堵塞、機械故障等問題，不過，墨爾本交通系統也不會天天遇到一個六個月大的寶寶（我的小兒子）搞破壞，還試圖做出吃掉鐵軌這種舉動。

要構建一個不錯的模型並不容易，哪怕你知道它最後大致的模樣。構建一個科學模型——來代表大自然的某個特徵——則更加困難。研究人員花了一個世紀試圖理解免疫系統是什麼樣子。一九六七年，尼爾斯・傑尼（Niels Jerne）預言，在五十年內，免疫學的問題將會「徹底解決」。他為什麼這麼說？他的預言成真了嗎？

傑尼是一位來自丹麥的免疫學家，他跟弗蘭克・麥克法蘭・伯內特、大衛・塔爾梅奇（David Talmage）、彼得・梅達華、古斯塔夫・諾薩爾（Gustav Nossal）、約書亞・雷德伯格（Joshua Lederberg）等人，一起為免疫學在二十世紀下半葉的

發展做出了卓越貢獻，這個過程至今還在繼續著。

　　新生代的研究者主要是生物學家。因此，他們很自然地從生物學的角度思考免疫學的問題，這跟之前從化學的角度思考有所不同。化學家會用反應、結構和化學鍵這樣的概念，生物學家則會用族群、世代和譜系這樣的概念。生物學家提出的問題也有所不同，而且往往跟人體更相關，而不僅僅是試管裡發生了什麼。化學思考對於理解抗體遇到抗原後發生了什麼至關重要，但是卻無法幫助我們理解抗體是如何從一開始就出現的。

　　從第二次世界大戰結束到一九六〇年代，大量的免疫學研究都在試圖從整體上理解免疫過程。很大一部分研究都依賴分子生物學的發現以及由此開發出的新工具。事實上，整個生物學界都在快速發展，新發現層出不窮：突然之間，所謂的「基因」不再只是抽象的理論建構，而是你可以掌握、萃取、研究和操作的實實在在的東西了。細胞的工作方式——「生命」的工作方式——正在實驗室裡得到闡明，在此過程中，免疫學也隨之劇變。此外，二十世紀中葉的人們見證了疫苗臨床應用的快速發展，諸如流感、小兒麻痺症和麻疹這樣的疾病得到控制，數百萬人不再生活在疾病的恐懼之中——這樣來看，不難理解傑尼為什麼會如此樂觀。

　　事實上，二十世紀中葉提出的那些模型至今依然成立——當然，一些細節在隨後的研究中也得到了修正，但本質並未改變。我們在前幾章裡談過了那些模型的若干要點：身體產生了許多可以分泌抗體的細胞，其中一些針對自體抗原的細胞在胚

胎發育的早期被清理出去，剩下的會在身體裡循環，等候入侵抗原出現——這時，特定的細胞會辨識出抗原，大量增殖，產生出許多殖株，分泌出更多抗體。

以傑尼和塔爾梅奇的想法為基礎，伯內特於一九五七年最先提出了株落選擇理論，而傑尼也受此鼓舞，預言了免疫學的問題將會被徹底解決——在傑尼看來，株落選擇理論提出了一個整體的解釋框架，剩下的工作只是填補細節。

不過，伯內特和其他人並不知道身體如何產生了種類如此繁多的抗體。比如，伯內特最初提出的一個假設是：也許抗原分子會跟某種遺傳物質結合，在基因上留下它的印記，於是為抗體的產生提供了一個模板。今天，我們知道，基因根本不是這樣工作的。幾年之後，當生物學家逐漸開始理解基因的工作機制，問題變成了：人體內僅有一萬九千多個基因，為何能產生數百萬種抗體？研究人員提出了多種解釋，但直到一九七〇年代，日本分子生物學家利根川進（Susumu Tonegawa）才徹底解決了抗體多樣性的難題。

株落選擇理論與「免疫自我」的一般觀念緊密相關，雖然這兩者並非同義詞。株落選擇是一個可以觀察到的事實，前文也提到了B細胞和T細胞是如何產生、如何被選擇的。與此相反，「細胞會根據自我或非我而進行選擇」的觀念，卻不是事實；不如說，它是我們對該過程的一種理解。當然，它是一種很有力的解釋，而且在過去五十多年裡也非常有用，但是我們不應該忘記，「免疫自我」的觀念本身也是一種模型，是從心理學裡借來的一個隱喻——我們必須小心對待隱喻。事實

上，伯內特一九四九年提出免疫耐受理論以來，免疫自我的觀念並非臻於至善，也不是沒受到過非議。

伯內特的「免疫自我」概念存在的問題是：免疫系統會友好對待那些不屬於我們的細胞，比如我們的腸道共生菌，也會經常對抗那些本來屬於我們的細胞，比如癌細胞（這是有益的）或者正常細胞（這會引起自體免疫疾病）。人體果真會區分「自我」與「非我」嗎？

雖然認為免疫定義了生物體特性的觀念可以追溯到梅契尼可夫，不過，最初人們提出自我與非我的區分，針對的不是傳染病，而是對移植體的免疫排斥。我們不難想像，身體會對細菌或病毒做出特定的免疫反應，但是為什麼人體會對另外一個人體的細胞做出排斥反應呢？我們是否可以控制這種反應來實現移植呢？此外，臨床醫生和理論家們開始對自體免疫疾病越來越感興趣——為什麼身體會轉而攻擊自己？

在此之後的幾十年裡，控制這些反應的機制得到了研究，而且在很大程度上也得到了解釋。無論是關於免疫機制的理解還是對免疫疾病的治療，我們都取得了長足的進步。許許多多的生命能夠延續都是受益於這些進步。不過，傑尼樂觀的期待並未全部成真：在本書寫作的二〇一七年，免疫學的問題遠遠沒有徹底解決。

彼得・杜赫提（Peter Doherty），澳洲的一位免疫學家（跟傑尼和伯內特一樣，也是諾貝爾獎得主），在他二〇〇五年出版的《諾貝爾獎中獎指南》（*The Beginner's Guide to Winning the Nobel Prize*）一書裡回顧了免疫學的歷史。最後，

他也做出了預言：「我們可以毫不猶豫地說，如果在二十一世紀末再來回顧我們二十一世紀初對免疫學的認識，後人會說：『他們當時壓根兒沒明白問題是什麼，遑論找到答案。』」

# 嘿，還有我們

**細胞學派或體液學派，兩者並不是相互衝突的理論，不如說，它們是一個系統的不同面向，而不同的面向之間會彼此交流，互相影響。**

　　說到杜赫提，你也許注意到了，自從免疫學開始以來，我提到的免疫學家們關心的幾乎總是抗體：它們的特異性，它們是如何產生、如何篩選的，等等。你也許好奇，那麼其餘組成部分呢？

　　很長一段時間，研究人員幾乎忽視了對免疫細胞的研究。細胞免疫在梅契尼可夫思想的指引下取得了很大的進步，但是細胞學派還是輸給了體液學派，而且在二十世紀的很長一段時間裡，體液免疫——在血清裡發現的非細胞免疫組成部分——是研究的焦點。

　　「這聽起來有點奇怪，」傑尼在一九七七年寫道：「雖然免疫學家研究抗體的歷史已經有七十多年，但是直到十五年前免疫學家還是在尋找產生抗體的細胞。」一個抗體也就是一個蛋白質分子——雖然抗體本身也比較複雜，但是畢竟比整個細胞容易分析。而且抗體似乎具有許多免疫功能，因此，過了很長時間，研究人員才把研究焦點轉向免疫細胞。

　　到了一九七〇年代，淋巴球的功能終於逐漸被闡明了。細胞免疫終於在體液免疫之外找到了自己的位置——而且此時也

不再有什麼細胞學派或體液學派，因為研究人員意識到了這兩者並不是相互衝突的理論，不如說，它們是一個系統的不同面向，而不同的面向之間會彼此交流，互相影響。一九七三年到一九七五年間，杜赫提和他的同事羅夫·辛克納吉（Rolf Zinkernagel）在坎培拉闡明了T細胞的工作機制。T細胞表面具有受體，可以辨識出抗原。雖然這些結構跟抗體有所不同，但它們都是特異性的受體。受體這個概念把細胞免疫與體液免疫聯繫了起來。

類似於抗體，T細胞也能夠區分自我與非我，辨識出那些被病毒感染或者發生了癌變的細胞。因此，我們在研究抗體時用到的基本概念現在也可以用於T細胞了。

不過，關於免疫系統的這種視角雖然優美、強大，而且綜合了不同要素，但它並不能拓展到先天性免疫系統。當然，作為研究，它有可取之處，但是由此得出的關於細胞與免疫反應的一般規律，卻不如新發現的適應性免疫那樣激動人心、引人入勝。先天性免疫的救贖——把它視為免疫系統裡與其他要素息息相關的一部分——直到一九九〇年代才到來，而且如前幾章所述，這個領域仍然方興未艾。

林林總總說了這些，省略了幾百個無比重要的發現和研究人員（對於免疫補體系統的歷史我也絲毫沒提），我們終於來到了現在。今天的免疫學走到了哪裡？現在有什麼新動向？未來會發生什麼？我們將在下一章探討這些問題。

# 干預的時代

在上一章，我提到了好幾位諾貝爾獎得主。諾貝爾獎當然很不錯，特別是可以提高獲獎者的公眾知名度，但是對於普通科學工作者而言，論文被引用的次數才決定了你的業界地位。科學工作者之所以受到同行尊重，是因為他們的研究成果受到了別人的引用。經常被人引用說明同行注意到了你的工作，而且發現跟他

們自己的工作相關。一個有趣的事實是，那些被引用次數最多的科學家往往在探索方法方面做出了卓越貢獻，因為這些方法經常被使用。[1]

我多次提到了免疫理論以及免疫學的歷史。換言之，免疫是什麼以及免疫學過去是什麼。本章，我要來談談免疫學究竟是做什麼的。它如何影響了我們今天

chapter 1

chapter 2

chapter 3

chapter 4

chapter 5

chapter 6

· 有沒有可能發明出含有抗體的醫療食物？例如抗癌煎蛋？

· 為什麼醫療先進國家的人也會染上早已絕跡多年的傳染病？

· 未來是否會出現預防癌症的疫苗？

· 為什麼「增強免疫力」是一種危險的做法？

的世界？對於未來，免疫學會有

哪些貢獻？

---

1 一個經典的例子是弗雷德·桑格（Fred Sanger），他於二〇一三年十一月去世，享年九十五歲。他發明了對蛋白質、DNA和RNA定序的方法，全世界幾乎每一個生物學實驗室都在使用。他是世界上四位曾兩次獲得諾貝爾獎的人之一。

# 體外製備抗體

**研究人員開始嘗試把這些嵌合細胞植入動物體內，以便得到含有抗體的牛奶，或者可治療疾病的雞蛋。**

抗體分子是高度專一的，它只跟一種類型的抗原結合。這個特點使得它幾乎可以用來辨識、結合任何物質。在抗體上附上一個小的螢光分子，你就可以用顯微鏡來追蹤它的標的；附上一個放射性分子，你就可以用蓋革計數器監測標的的數量；或者你也可以加上一個可以產生顏色反應的小分子——總之，可能性不勝枚舉。實際上，抗體在生物學實驗室和臨床診斷上的應用非常廣泛，它們可以檢測癌症，用於抵抗T細胞來實現免疫抑制，用於生殖能力測試和驗孕，用來純化工業產品，消解毒素（比如蛇毒），檢測炸藥或者違禁藥物；如果臨床診斷時採集了你的血液樣本，無論他們進行的是哪種測試，其中很可能都用到了抗體……

前提是你可以製備出這些抗體。在脊椎動物體內，B細胞隨機產生成千上萬種抗體；一旦遇到抗原，有機體就會大量合成針對該抗原的抗體。因此，如果我們想獲得針對某種物質的抗體，我們只需要向實驗動物注射該抗原，等待一段時間，然後從動物的血液裡採收抗體就夠了。問題在於，如果你這麼操作，你可能最終會得到好幾種不同類型的抗體，每一種分別對

應於抗原表面不同的表位。

有時這並不是個問題，但是即使如此，飼養動物並進行各種注射和血液純化實驗也是一項煩瑣的工作。[2] 在一九七〇年代中期，一種更好的方法出現了：塞薩爾‧麥爾斯坦（César Milstein）與喬治斯‧柯勒（Georges Köhler）發明了單株抗體技術（monoclonal antibodies）。

單株抗體是兩種細胞的融合產物。第一種是能夠產生抗體的脾臟細胞，第二種是骨髓瘤細胞——一種可以在培養條件下生長的癌細胞。如果你想要製備針對抗原X的單株抗體，把X注入小鼠體內，然後「採收」（鼠兄，對不起了）牠們的脾臟細胞，再把這些細胞與實驗室培養的骨髓瘤細胞混合。在適當的條件下，脾臟細胞就會跟骨髓瘤細胞融合，形成嵌合體，叫作融合瘤細胞——這種細胞可以在實驗室培養皿中無限繁殖（這是癌細胞的優勢），並且只產生一種類型的抗體。然後你從中選擇出能最有效地產生抗體的融合瘤細胞，利用它來大量製備希望獲得的抗體。

由於這項技術，塞薩爾‧麥爾斯坦與喬治斯‧柯勒榮獲一九八四年諾貝爾獎，但更重要的是，這項技術至今已經使用了數十年，最初的論文也被引用了上千次。最近，一些實驗室開始對該技術進行改造：他們換下了癌細胞，改用幹細胞——幹細胞同樣可以很出色地繁殖，還有一個優點就是不會

---

2 對飼養動物來說，尤其如此。

癌變。在實驗室條件下，這可能算不上優勢，因為培養皿不會得癌症，但是研究人員開始嘗試做的，是把這些嵌合細胞植入動物體內，以便得到含有抗體的牛奶，或者可治療疾病的雞蛋。抗體基因也可以用於改造植物（當然，製備出的是植物抗體），這樣的採收過程可能要更簡單。我知道這可能會讓你覺得有點不舒服，或者感覺不自然，但是我有一道菜推薦給你：抗癌煎蛋。

# 一個時代的結束

今天，數以千計的人，包括發達國家裡健康的年輕人，都會因為抗藥性細菌而患病，乃至死亡——而這些疾病，我們還以為多年前就已經徹底消滅了。

　　二〇一四年四月三十日，世界衛生組織發布了一份報告，明確表示：抗生素抗性是威脅全球的一個議題。當然，這個問題也是老生常談了——事實上，從抗生素誕生之初人們就注意到了。亞歷山大·弗萊明（Alexander Fleming），盤尼西林的發現者，在他一九四五年的諾貝爾獎得獎演說中提到：「在不久的將來，可能會有這樣的危險，那就是無知的人會由於攝入低劑量的抗生素，使得體內的微生物對抗生素產生抗藥性。」——那時，抗生素才剛剛大規模使用。

　　事實的確如此。抗生素是一種神奇的藥物，它不需要藉助人體自身的免疫機制就可以發揮功能。它們治癒了無數的人，挽救了無數的生命，但使用抗生素也有代價：微生物逐漸對這些藥物演化出抗藥性，而且抗藥性傳播的速度非常快，遠遠勝過人類發現新藥的速度。

　　一個問題在於，由於我們的社會非常關注健康問題，特別是藥物的安全性問題，因此藥物的監管審核和臨床測試要花許多年的時間和大量的金錢。不過，即使我們可以加速這個過程（這意味著市場可能引入有安全風險的藥物），在強大的選擇

壓力之下，微生物仍然會繼續演化。很快地，微生物群體中就會出現個別耐受抗生素的突變株，它們往往具有特殊的基因突變，可以逆轉抗生素的作用。這些基因也不會總是待在微生物的染色體基因組裡，它們會移動，會進入其他微生物——有時甚至會進入不同的物種，使後者也有抗藥性。

而且，在我們感到病情有點好轉之後，往往就會停止服藥（而不是按照醫生的叮囑完成療程[3]）；而且，有人會「保險起見」吃點抗生素（即便這是病毒感染，抗生素對此無能為力）；而且，農場主人向健康的牲畜餵一些抗生素（為了防病，並增加肉類產量，提高收益）；再加上抗生素並不是藥物研究中最賺錢的管道（似乎只要死於抗藥性菌株的人不夠多，研發就沒必要）；而且，基因組研究和大數據研究迄今還沒有為抗生素開發帶來顯著突破；而且，如果有人誤用了抗生素，承擔後果的往往不是他們自己；而且，當我們使用抗生素的時候，我們本來就是在篩選那些能夠耐受藥物的突變株——凡此種種，都助長了抗藥性微生物的出現。

你也許曾聽說過「後抗生素時代」這個說法，現在，它已經來了。今天，數以千計的人，包括醫療先進國家裡健康的年輕人，都會因為抗藥性細菌而患病，乃至死亡——而這些疾病，我們以為多年前就已經徹底消滅了。

---

3 如果這聽起來有點像審判你，我表示歉意；我想告訴你，就在我此刻敲入這些文字的時候，肘邊就有一盒藥（附帶一提，不是抗生素），而我本來應該兩週之前就吃完它的。

　　不幸的是，在可預見的未來，這個問題很可能會一直存在。我們必須盡最大努力，儘量避免傳染，確保我們的免疫系統良好運行。

# 我就是沒感覺呀

**現在，開發新疫苗已經不是預防疾病工作的重點了，我們更該考慮的是如何充分利用現有的知識和手頭的資源。**

---

　　恕我冒昧，我下面要說的話會讓一些科學家，特別是開發疫苗的科學家，覺得不是很中聽。我自己也不喜歡這件事。我坐在電腦前，左思右想，翻遍了關於疫苗的書籍和論文，但是文獻讀得越多，我越意識到，不管這會得罪多少學界同仁，沉默只會讓我良心不安。我無法忽視這個不愉快的事實：

　　疫苗真無趣啊。

　　好吧，我說出口了。

　　真抱歉，我已經盡力了。我知道，數以百萬計的人因為疫苗才得以倖存，很可能也包括我自己和我的家人；而且我也知道，疫苗的開發是一項艱難的工作，需要極大的投入和創意，但是，疫苗很重要和研發過程很艱辛，不代表疫苗就有趣。我試圖努力發掘其中有趣的東西，但是自從我們講完了巴斯德利用未檢測過的疫苗在緊急關頭挽救了被狂犬病毒感染的孩子這樣的英雄故事，接下來的事情幾乎如出一轍：無非是一批科學家挽救了許多兒童，提前很長時間（幾個月乃至幾年）避免他們患病。比如，莫里斯・希爾曼（Maurice Hilleman）一個人就發明了幾十種疫苗，但直到最近我才得

知他的故事。我相信對他來說，這些工作是很有趣的（對他的同事們來說也是如此——據資料記載，希爾曼本人特別愛自嘲），但是據我瞭解，他所做的無非就是努力讓疫苗更安全、更有效。

為了找到一個故事，我可是花了一番苦心，翻閱了一些抵制疫苗的資料，但發現那裡也沒有什麼有趣的科學故事。我花了好幾個小時來閱讀抵制疫苗的資料，而且瞭解了關於政府、收購、我的知情權和全球陰謀論的許多精采事實，但是，關於免疫或未免疫的身體內到底發生了什麼，卻乏善可陳，也沒有一些確鑿的論斷。也許，我還沒找對地方。

不過，如果從公共衛生的視角來看，或者你想知道人民如何處理複雜的資訊、如何做決定，那麼疫苗可能就是一個有趣的故事了。你也可以談論疫苗的經濟學、心理學以及倫理學——關於這些議題的書籍有很多。

起碼就疫苗的生物學而言，故事相當直接易懂：免疫系統遇到了病原體，對它做出了反應，這個反應會引起免疫記憶，身體以後再次遇到這種病原體時就能迅速應對。疫苗有許多不同的類型，最常見、最好用的兩種類型是活的減毒病毒和死病毒，但也有其他類型的疫苗，經過改造可以提高免疫原性（即，激發免疫反應），而降低其致病性。DNA疫苗只含有病毒的DNA，次單元疫苗僅包括病毒的部分蛋白質。結合型疫苗則把免疫原性很低的病原體跟另一個免疫原性很高的蛋白質結合起來，結果就是，免疫系統一旦被高免疫原性的成分啟動，低免疫原性的病原體也會被記住了。

研究人員還在不斷開發新的疫苗出來；現在，人們談論著針對瘧疾的疫苗似乎指日可待。瘧疾可不是那麼容易進行免疫，很大程度上是因為它是由真核寄生蟲（而不是病毒）引起的，而真核寄生蟲不僅跟人類細胞非常類似，並且非常善於躲避免疫系統的攻擊（比如躲在紅血球以及肝臟細胞裡）。

我真心希望針對瘧疾的有效疫苗能夠盡快面世，這些難纏的真核寄生蟲對疫苗專家來說可是真正的挑戰。要知道，許多病毒疾病至今也沒有疫苗——比如大名鼎鼎的愛滋病毒，雖然研究人員一直沒有放棄努力——此外，還有一些多細胞寄生蟲，比如前文提到的可以入侵免疫系統的蠕蟲。

我們過去一直認為，疫苗針對的就是我們的適應性免疫系統，總是針對特定的反應，總是會產生記憶細胞。不過，最近有一些證據表明，疫苗也可以啟動先天性免疫系統。比如，墨爾本皇家兒童醫院的奈傑爾·柯蒂斯（Nigel Curtis），他的團隊目前研究的是所謂的「卡介苗的非特異性反應」。卡介苗是用來預防結核病的，而且有證據表明，接種了卡介苗的兒童對其他傳染性疾病的抵抗力也有所增強，而且患上過敏和溼疹的機率也更低。他們正在努力闡明這裡的生物學機制。在我看來，這個故事就算有點意思了。

有可能，再過十年或二十年，我們對疫苗的非特異性反應有了更全面的理解，就能夠量身訂做疫苗和接種時間，從而強化疫苗的正面效果並減弱其負面效果。我有時會想，我孫子輩的疫苗接種會是什麼樣子。

現在，開發新疫苗已經不是預防疾病工作的重點了，我們

更該考慮的是如何充分利用現有的知識和手頭的資源。如何確保疫苗從藥廠到醫院的運輸途中一直都處於低溫狀態，這對於挽救生命至關重要。另外一個辦法是把疫苗改造，融合進食物裡（就像上一節談到的植物抗體），因為在遙遠的村落，如果可以通過香蕉進行免疫，運輸它們要比運輸低溫的安瓿容易得多——且不提讓孩子吃香蕉要比打針容易得多。

不妨再舉一個例子，你知道我們在懶骨頭沙發裡塞的那些保麗龍粒嗎？在那些蚊媒疾病肆虐的地方，這些保麗龍粒可以撒到水井裡和廁所裡，它們浮在水面上可以阻斷蚊子的生命循環，阻止幼蟲發育、成蟲繁殖。

這個辦法貨真價實、簡單有效，但是相當無趣啊（如果你碰巧生活在這樣的地方，則另當別論）。

# 癌症

癌細胞就是失去了剎車系統的細胞。突變破壞了它的
DNA，導致控制細胞繁殖的機制失控了。細胞於是返回執
行它的最初計劃：儘可能快地繁殖。

　　我的防毒軟體剛剛彈出了一則訊息，說它最近又為我的電
腦處理了「許多威脅」。我打算再深入研究一下，但是它偏不
告訴我具體有哪些威脅，只是泛泛而談，說些「你這台電腦很
棒哦，要是出了問題可就不好玩了」之類的話，所以我放棄
了。嘿，我也不是自找麻煩，你明白我的意思嗎？

　　如果免疫系統也給我們這類提醒，你也許不無驚訝地發
現，它每天也處理了許多威脅。謝天謝地，全面爆發的癌症非
常罕見，但是在我們體內，每天都會有一些細胞「叛亂」，全
都靠免疫系統來維持秩序。

　　你也許聽說過，所謂的癌症並不是一種疾病。在癌症的名
下其實是許多不同的疾病，但它們有一個共同點：細胞的生長
和分裂不受調控。幾乎人體內的所有細胞類型（幾個個別例
外，比如心肌細胞）都可能會出現這種情況。我們還沒有死掉
的一個原因是，大多數時候，細胞都能把持住自己。如果把持
不住了，也會有鄰近的細胞（包括免疫細胞）來幫忙。免疫系
統監視著全身的細胞，提前發現問題，清理可疑細胞。

　　要知道，分裂是細胞正常的生理表現之一。現在不妨仔細

觀察一下你的手背，想一想手背上皮膚細胞的奇特命運。從細胞的角度來看，在幾十億年前，出現了第一個活細胞，它不斷地分裂，這個過程進行了無數次。在過去幾十億年的某個時刻，它跟一些兄弟姐妹細胞形成了鬆散的聯盟，這個聯盟不斷生長，細胞越發密集，直到每一個細胞都有了特化的功能。這一顆細胞的特殊功能是繁殖，於是，它就贏得了倖存大獎：只有少數細胞能夠產生下一代，它就是其中之一。於是它繼續繁殖，每一次繁殖的時候，在每一個新的個體裡，它的兄弟姐妹細胞都會形成身體（並隨後死去），而它又再次被委以繁殖的功能。如此億萬年過去，人類出現了，這顆細胞也成了人類的繁殖細胞——一顆精子或卵細胞——該過程繼續著：不受限制地生長，被安排到生殖系統，幸運地受精，然後經過幾十年在人體的睪丸或者卵巢內受控地生長、分裂，於是，開始新的繁殖循環。

這就是這顆細胞的存在史：從生命誕生之初直到你的出現——這時，這顆細胞的命運不再是負責繁殖，而是成為一顆上皮細胞。它不斷地分裂、生長，分裂、生長，不斷地分化，直到成為一顆成熟的上皮細胞。突然之間，在生命出現以來的三十八億年裡，這顆細胞不能繼續繁殖了，它要面對死亡了。

細胞並不受意識的牽絆，也沒有歷史的視角，它以慣有的方式冷靜地面對著這一切，但是，繁殖的衝動無疑非常強烈。在細胞內，特殊的機制確保了每一個細胞只在規定的時刻複製一次，但這些核查機制並不完美，它們也可能被破壞，或者是由於輻射，或者是破壞DNA的化學物質（突變劑），也

可能是其他原因。癌細胞就是失去了剎車系統的細胞。突變破壞了它的DNA，導致控制細胞繁殖的機制失控了。細胞於是返回執行它的最初計畫：盡可能快地繁殖。如果細胞是那種需要經常繁殖的類型，比如皮膚細胞或者結腸細胞，由於對它們的監控本來就鬆散一些，這類細胞失控的可能性也就更大。此外，這些細胞類型跟外部世界接觸得更多，也更有可能接觸到致癌物質。那些深埋在體內、不需要經常複製的細胞，比如心肌細胞，癌變的可能性要低得多。

現在，癌症之所以危險，不僅僅是因為癌細胞會不受約束地生長。單純的腫瘤可以通過外科手術進行切除。真正的問題在於腫瘤轉移：癌細胞從原生部位蔓延到身體的其他部位，並在那裡繼續生長。謝天謝地，這並不是所有細胞都能完成的簡單任務。一個癌細胞必須演化出這樣的能力——從腫瘤塊脫離，侵入血液或者淋巴循環系統，然後成功地離開，在人體內的新組織裡落腳，繼續生長。對於體細胞來說，這可不是一件輕而易舉的事情，因為它並不是什麼特化的病原體，但是癌細胞複製、突變得非常迅速。它們會經歷自然選擇，因為其中較不成功的細胞會被免疫細胞鎖定標的並摧毀。實際上，癌細胞具有適應新的生活方式所需的所有成分，而且演化有時的確也會把它們引上這條路。當然，這條演化之路是一個死胡同——癌細胞最終也會跟患者一起死去[4]——但癌細胞可不在

---

4 這個規律也有幾個例外，少數癌症也會在人與人之間傳播，最知名的一個例子是袋獾面部腫瘤病。

乎這一點。

即使是「常規」的腫瘤也需要關心自身的生存，否則它們就會死去。它們主要需要兩樣東西。第一是血液供給：「成功」的腫瘤會誘導血管生成，換言之，它們會引導血管向它們生長。第二是不受免疫系統的攻擊。無論是外觀還是行為，癌細胞跟常規體細胞都有所不同，而免疫系統的一個主要功能就是辨識這些區別，並在癌細胞造成更多傷害之前摧毀它們。我們的免疫系統十分擅長此事——我們之所以還沒死掉，是因為大部分癌細胞在造成破壞之前就被免疫系統清除了。儘管如此，那些更成功的腫瘤卻能夠發展出免疫抑制的能力，這會削弱免疫系統對付癌細胞的能力，而且這些腫瘤也會不斷演化出新的逃避免疫監視的方式。

在引起癌症的眾多病因之中，較為駭人的一類是腫瘤病毒——我們知道，病毒往往會透過血液或者性接觸傳播，它會把自身的遺傳物質嵌入人體的基因組裡。對細胞來說，病毒基因的入侵往往會帶來嚴重的後果，而腫瘤病毒經常會使得細胞開始迅速增殖——這樣，對病毒才有好處。

最近幾十年，研究人員才開始從傳染性疾病的角度來理解癌症。有多少種癌症是由腫瘤病毒引起的？目前的估計是十五％至二十％。也許真實的比例比這更高，但這可能也不是壞事，對免疫學家而言，如果疾病是由病毒引起的，也就意味著可以通過疫苗來預防；實際上，研究人員已經開發出了幾種針對腫瘤病毒的疫苗了，比如會引發子宮頸癌的人類乳突病毒。未來，是否會出現預防某些癌症的疫苗呢？

# 治癒癌症

**我們正在見證免疫療法走進臨床，成為一種可行的治療手段；這可能會開啟癌症治療的一個新時代。**

　　如何治療癌症，一直都是一個棘手的問題。癌細胞有點像病原體——但是它們跟身體其他細胞的區別微乎其微。抗生素和疫苗對癌症無能為力；除了外科手術，目前主要的治療手段也就是放射治療和化學治療，這兩種辦法，實際上都是「殺敵一千，自損八百」。另外一個辦法是免疫治療——利用患者自身的免疫系統或者實驗室製備的免疫成分來幫助對抗癌症。

　　免疫療法實際上早在十九世紀就出現了——我最初瞭解到這段歷史的時候也有點意外。臨床醫生威廉‧柯立（William Coley）觀察到，某些引起患者發燒的感染實際上可以幫助治療癌症。從一八九一年起，他就使用死菌和細菌毒素的混劑成功地治療了癌症患者。當時，人們還難以理解，為什麼這種辦法會奏效（今天我們知道，這種混劑會激發免疫反應，幫助對抗癌症），柯立的療法也遇到了一些質疑。雖然從那之後醫生有時也會使用「柯立疫苗」或者「柯立毒素」，但是柯立的免疫療法逐漸式微，放射療法成了主流。不過，今天，免疫療法大有捲土重來之勢。

　　在過去幾年，免疫療法的發展突飛猛進，每週都會成為科

學界的頭條新聞。目前已有幾百個臨床試驗在進行之中，有些已經走出實驗室投入臨床使用了。[5] 一些較常規的手段包括強化已有的免疫功能——如果醫生認為免疫系統對抗癌症的活力不夠強，我們就可以給一些免疫功能「鬆綁」，解除一些抑制功能。另外一些人則走得更遠：在過繼性細胞療法（adoptive cell therapy）中，臨床醫生從患者體內取出有抗癌能力的T細胞，在體外進行增殖，複製出數百萬一模一樣的T細胞，然後再注射回患者體內。另外一種做法是，從患者體內取出T細胞，進行體外複製的同時向T細胞插入新的基因，增強它們辨識、攻擊癌細胞的能力。

順便提一句，「向T細胞插入新的基因」可不是一件簡單的事情；這不是機械操作，即使是最小的鑷子也不行。我們需要的是分子水平的工具。事實上，有一類天然的東西非常善於在T細胞中插入基因，它就是HIV-1病毒。HIV本來就能結合在T細胞上，把它的基因注入T細胞內，並在其中增殖（因此破壞了免疫系統，引起了愛滋病）。研究人員利用的正是這種能力：他們剔除了愛滋病毒本身的致病基因（我猜想一定非常小心），然後替換上了專門針對癌症的受體基因，繼而用這種改造過的病毒感染實驗室裡培養的T細胞——於是，就得到了改造的T細胞，然後就可以注射到患者體內了。這就好比借HIV的刀來治療癌症。[6]

---

5 話音剛落，免疫療法就獲得了二〇一八年的諾貝爾醫學獎。——譯註
6 如果這聽起來怪熟悉的，或許是因為你是網路漫畫《xkcd》的讀者。先生、女士，我服了你！

還有一種更直接的免疫治療方法，那就是直接把抗腫瘤抗體注射到患者體內。為此，你首先要非常確定使用的抗體只是針對癌細胞——如前所述，區分癌細胞與正常細胞往往並不容易。如果這一點做不到，抗體也會對人體正常細胞發起攻擊，那麼對癌症患者來說無異於雪上加霜。

一個引人入勝的方法是所謂的放射免疫療法——這是一種放射療法，而且只用於那些能對放射性有反應的腫瘤，但是它同時借用了抗體驚人的特異性：它不再讓患者全身都接受放射線照射，而是把放射性分子結合到針對癌細胞的抗體上，這樣，當抗體與癌細胞結合之後，癌細胞就可以接受更多輻射，而身體其餘部分受到的影響較小。

此外，還有一些正在臨床測試的抗體療法，也被稱為「檢查點抑制」療法（checkpoint blockade therapy）。它並不是針對癌細胞本身，而是調節癌細胞的免疫抑制能力，比如前文提到的可以注射到腫瘤裡的抗體。當抗體跟它們的標的結合之後，癌細胞的某些受體相當於被標記了，於是人體針對它們的免疫攻擊就大大加強。二〇一一年，美國食品藥物管理局通過了單株抗體益伏注射劑（Ipilimumab），可用於治療嚴重的黑色素瘤轉移，從那之後，又有幾種新的療法獲得審核通過。

我們正在見證免疫療法走進臨床，成為一種可行的治療手段；這可能會開啟癌症治療的一個新時代。但是，它仍然處於初級階段。免疫療法還算不上是奇蹟。首先，它非常昂貴——每位患者的治療費用高達幾萬或幾十萬美元。除此之外，研究人員還無法預測對哪些癌症會有效，以及哪些患者會

得益。有些患者對治療的反應極好——腫瘤在幾天或幾週之內就會消失，而有些人則完全沒反應。免疫療法也有副作用，有些還非常嚴重，乃至危及生命——我們下一節裡會討論到，「刺激」或「增強」免疫系統是一項非常難以把握的事情。

　　越來越多的做法是結合免疫療法和傳統癌症療法（像是化學治療或放射治療），然後看效果如何。在這個階段，當實際治療結果未必都能與理論相符時，「結合這兩者再來看結果」的方法實際上可能會很有用。

# 「增強免疫力」

> 免疫系統是一個精細調控的機制，它有許多可能出錯的地方。你怎麼知道自己「增強」的是正確的那一面？

某天中午，我去一家麵館吃午飯，從牆角拿了一本雜誌翻看。封面很光鮮，是面帶微笑的人們擺出瑜伽姿勢，雜誌裡充斥著「超級食物」以及關於「緩解壓力」的養生建議。真是瞎掰。再往後翻，是一些所謂的「增強免疫力」的藥物廣告，我不由得暗暗嘀咕，腹誹不止——而腹誹可不利於緩解壓力。讓我咬牙切齒的是所謂的「增強免疫力」。

如前所述，「增強免疫力」是一種危險的做法——免疫系統是一個精細調控的機制，它有許多可能出錯的地方。你怎麼知道自己「增強」的是正確的那一面？你確定你不會「增強」得太多，反而引起了自體免疫疾病嗎？簡言之，面對這樣一個我們尚未充分理解的免疫系統，你當真放心這邊擺弄一下、那邊擺弄一下嗎？也許你需要做的是努力追求「自然平衡狀態」，而不是「增強免疫力」——當然，只要你問他們要這樣的藥，他們肯定也有賣哦。

調節免疫的藥物和方法有很多，從常見的抗發炎藥物到給器官移植患者使用的免疫抑制劑，或是幫助緩解過敏反應和自體免疫疾病的藥物。調節免疫的療法也有許多，但是癌症免疫

治療的關鍵在於專門來強化免疫力的一個非常獨特面向，因此免疫治療針對的也是免疫反應中特殊的要素，比如免疫T細胞。即便如此，照樣會出問題。關於免疫治療的臨床測試紀錄表明，有些患者會出現各種嚴重的副作用。也許最臭名昭著的一個例子，就是TGN1412災難——二〇〇六年，針對單株抗體的免疫治療在六個健康人身上進行了臨床測試，他們在幾小時內差點喪命。

本章，我們討論了當前對免疫系統的理解和侷限，也討論了在實際操作中如何干預免疫系統。我們已經來到了人類知識的邊界，在此之外則是未曾涉足的疆土，研究人員正躍躍欲試，在新工具、新思想的幫助下探索新知識。

# 結語：免疫的未來

在十六歲的時候，我看到了一張圖表，至今記憶猶新。它是由一家生物醫藥公司製作的，在許多生物醫學研究機構的走廊裡都能看到。它叫作「生物化學路徑」，雖然它足足有一公尺半長，但字跡相當小，因為其中的訊息量太大了。該圖表試圖展示的是人體生物化學的一個橫截面。其中有糖、脂類、各種酶和代謝循環等，所有這些路徑都用不同顏色的線條表示，彼此交錯，貫穿人體，就好像一幅鐵軌交通圖，或者是某種複雜機器的電路圖。從某種意義上說，它的確是的。它是人體的電路圖，唯一的區別是其中沒有電線。

我記得自己站在這張圖表前，歎為觀止，心裡想的是：「如果我能把這張表記住，我就

chapter 1

chapter 2

chapter 3

chapter 4

chapter 5

chapter 6

· **營養失衡其實會顯著影響我們的免疫系統**

· **人類有沒有可能找到類似兩棲動物的再生能力？**

· **正念、運動、冥想真的對身體健康有幫助**

· **有些疾並可能是由於環境過於乾淨導致的**

知道關於人體的一切了。」不消說，那時的我相當笨。我當時甚至計劃每天花五分鐘時間，一點一點地記住圖表，可惜我從來沒有付諸實踐。後來，在大學裡，我學到了許多的關鍵反應、級聯反應和循環，但是這些都比不上最初見到那張圖表的震撼之感。它最讓人印象深刻的是，萬事萬物的相互聯繫——許多分子參與了各種代謝過程和代謝反應，並根據人體的需要調整作用、改變位置。

今天，如果有人嘗試對免疫系統也畫這樣一張圖，傳遞出免疫系統如何跟身體內外銜接起來，那也會是一張傑作。不過，我很清楚，這幅圖畫並不完備，實際上，還有許多尚未明瞭的線索有待完善。

預言是一個危險的遊戲。在本書提到的所有開放性結尾中，有一些很快會帶來有趣或有用的結果，其他一些則可能乏善可陳。那些我們今天認為是真的甚至是不言自明的事情，可能會被證明是錯誤的。相對而言，我們對免疫系統的理解還處於初級階段——雖然我們已經知道不少了，但是還遠遠不夠。在閱讀免疫學教科書的過程中，我深深體會到了這個領域發展之迅猛——五年前的許多論點今天來看就已經落伍了。

回顧這個領域的歷史時，我們也會發現，隨著時間推移，它的焦點實際上在不斷擴大：一開始，免疫學完全是圍繞著抗體展開的，然後，淋巴球登上了舞臺，再後來，先天性免疫系統逐漸引起了我們的注意。另外一個隨著時間推移而不斷發展的決定因素是聯繫的緊密程度，我們現在知道了，或者說開始體會到了，免疫系統各個組成部分之間的調控關係——各個組成部分本身也是一個系統——而且，免疫系統還跟系統之外的成分也有關聯。

在本書最後這一章，我打算談談這些外部關聯。目前，這部分內容還算不上是嚴謹的知識，充其量只是一些鬆散的線索，但這些線索暗示了免疫系統跟身體其他部分的關聯和整合。

# 未來一瞥

> 人類直到幾十年前才開始攝入大量的加工食品，但是，我們的腸道還沒改變 —— 它們在過去幾十萬年裡適應了特定的食物，形成了自己的工作機制。

　　我一直都覺得所謂的「膳食纖維」怪怪的，因為你的身體並不消化它。雖然你仍然大快朵頤之，但它們卻只是從你的胃腸道路過。整個過程似乎毫無意義。為什麼身體在乎它呢？為什麼我們需要不斷提醒自己，需要攝入大量不能消化的膳食纖維呢？

　　當你從演化的視角來看的時候，這個過程的意義馬上就很明顯：人類的消化系統一直都需要處理纖維。在人類及其祖先漫長的演化歷史中，我們吃的大多數食物——植物、蔬菜、穀物、水果——都含有大量無法消化的東西，如果我們想要生存下來，就必須這麼吃。人類直到幾十年前才開始攝入大量的加工食品（其中沒有或者只有很少的膳食纖維），但是，我們的腸道還沒改變——它們在過去幾百萬年裡適應了特定的食物，形成了自己的工作機制。如果你突然減少了消化系統每天處理的食物量，可能就會出問題。[1]因此，為了補償現代社會

---

1 如果你還年輕，不知道我說的是什麼問題。別著急，過幾年你就知道了。

中的加工食品，我們就必須主動攝入許多無法消化的纖維。

不過，膳食纖維不只跟食物量有關。膳食纖維還有一些更有趣的功能，比如降低膽固醇，但它的一個主要功能是影響我們的腸道微生物菌群，它們會利用這些膳食纖維。我們攝入的纖維量會顯著影響這些跟我們共同演化了這麼多年的微生物，而它們，又會反過來影響我們的健康。

我們腸道裡的微生物，正如其他地方的微生物一樣，也在不停地競爭資源。當我們改變攝入食物的組成時，比如高脂肪、高糖、低纖維，我們也會改變我們腸道菌群的組成。腸道內的原生菌群數量會減少，而那些更善於利用脂肪和糖的微生物種類會增加。

在過去幾年，研究人員發現，這種失衡會顯著影響我們的免疫系統。一系列的研究論文表明，一份良好的飲食，高纖維、低脂肪，會對免疫系統的各種狀況都有明顯的保護作用，特別是能緩解自體免疫失調和發炎性疾病。現在，人們開始意識到，過去幾十年來西方社會中日益普遍的自體免疫疾病——第一型糖尿病、關節炎、多發性硬化症——可能跟低纖維、高脂肪飲食和腸道菌群失調的相關性更大（第一章裡我提到過），而跟清潔的相關性較小（當然後者可能跟過敏的增多也有關）。

除了跟腸道菌群的關係，免疫系統跟我們的代謝也有千絲萬縷的關係。人體內的生物化學過程跟免疫反應會通過許多途徑相互影響，而我們對此才剛剛瞭解了皮毛。因此，免疫學家和微生物學家現在開始學習人類代謝和營養方面的知識，或求

助於這方面的專家。他們正攜手探索這些因素之間的關聯，因為這塑造了我們的健康。

這類研究的美妙之處在於，它推薦的藥材往往是天然的，比如從樹上摘的，或者從地裡挖的，然後直接在市場上出售。美國現在有一個正在運行中的計畫叫作「果蔬食療計畫」（FVRx），就是要把這種健康飲食的理念落實。它不僅通過常見的方法來教育公眾、鼓勵他們吃得更健康，而且讓醫生真的開出處方，患者去當地的市集上領取水果和蔬菜。乍看之下，他們似乎有些反應過度了，但是回頭想想，如果我是一個家長，沒有很多時間和金錢來照顧患有肥胖症的孩子，在速食唾手可得的情況下，有這樣鼓勵我攝入健康食物的獎勵機制當然是好事。

# 你能治療一顆受傷的心嗎？

**蠑螈幾乎可以重新長出來一切器官，牠根本沒有傷疤，全身都可以被替換。很有可能，在我們的祖先還是類似兩棲動物的時候，他們也有這種再生能力。**

在墨爾本的蒙納許大學，有一間澳洲再生醫學研究所（Australian Regenerative Medicine Institute，ARMI），那裡的研究人員正在仔細研究美西蠑螈的免疫系統。

美西蠑螈這種生物有點奇怪：牠們看起來像是長了腿的魚，體色蒼白，面帶微笑，很有時尚感。事實上，牠們是兩棲動物，是一種水生蠑螈。蠑螈的再生能力非常強——牠們能夠再生任何受傷的身體部位——而且看起來，蠑螈的免疫系統跟再生過程也有關。人類的再生能力則很差——我們只能重新長出來皮膚、腸道內壁和血球，相較之下的確讓人失望。蠑螈幾乎可以重新長出來一切器官，牠根本沒有傷疤，全身都可以被替換。很有可能，在我們的祖先還是類似兩棲動物的時候，他們也有這種再生能力。那麼，這種再生能力的消失是偶然，還是出於什麼原因？我們是否能夠重新具備這種能力？

在動物界中，具備再生能力的可不只是兩棲動物。有一種哺乳動物，一種叫作非洲刺毛鼠的小型齧齒動物，也具備一定程度的再生能力。新生的小鼠，如果心臟被切除了一部分，傷口會凝結、成疤——然後疤痕消失，心臟恢復如初；但是，幾

天大的小鼠就沒有這種能力了。人類受傷後結疤的過程是否能被改變，也變成這樣呢？也許我們暫時還無法再生出被切斷的手指，但是如果能夠恢復心臟或肝臟上的疤痕也是不小的進步呢。

澳洲再生醫學研究所的研究人員，在納迪亞・羅森塔爾（Nadia Rosenthal）的帶領之下，提出了一種新的觀點：再生也許不是單個組織或器官的功能，而是整個身體的一般特徵。如果是這樣，我們就可以對身體進行這樣或那樣的改造，我們也許就可以完全終止傷疤形成的過程，並開啟修復身體其他部位的大門。最近的一篇論文表明，當你剔除了美西蠑螈體內的巨噬細胞，牠就失去了再生能力，而且開始出現傷疤，這暗示著也許在美西蠑螈體內，巨噬細胞參與了再生過程（可能是分泌了某種調控因子）。

賓州大學進行的另外一項研究表明，有一種 T 細胞亞型，$\gamma\delta$-T 細胞，可以分泌一種叫作 Fgf9 的訊號分子，後者可以在皮膚細胞受損的時候刺激毛囊的發育，同時不會促進傷疤的形成。那麼，免疫系統在再生過程中扮演了什麼角色？我們如何提高人體本身的自我修復能力？讓我們拭目以待。

# 分子綜合論

**免疫系統有不同於身體其他器官的通訊網絡;它利用了許多相同的分子訊號——荷爾蒙、細胞激素,等等——這些訊號也會被身體的其他系統利用。**

　　多年前,我打過一份夏季短工:在一群九歲大的孩子參加的夏令營當駐營醫生。一天,有個孩子跑來找我,問我是否能給他一點暈車藥。因為他們第二天要坐長途巴士去另一個城市,而這個男孩即使每次坐短途車都會暈得一塌糊塗(後來我跟他的指導老師確認了這個事實,他們當時都被他暈車的樣子嚇得臉色蒼白)。第二天要在車上坐長達五個小時,簡直無法想像。我能不能幫幫他呢?

　　我並沒有任何治療暈車的藥(我們醫藥箱裡的藥實在少得可憐),實際上幫不上他什麼,但是看到他焦灼的眼神,我想到了一個辦法。我把他叫到旁邊,悄悄地告訴他,我其實有一種很厲害的藥,我可以給他,但是他必須一字不差地按照我的指示去做,而且不能告訴任何人。於是,我給了他一粒無毒無害無營養的抗胃酸藥片,然後跟他仔細描述了服藥細節(我告訴他要快速吞下去,希望這樣他就不會嚐到藥的味道),然後向他眨了眨眼,他就離開了。

　　第二天,他興高采烈地找到我。藥真的管用!非常有效!他一點也沒不舒服!他甚至感到了一點我描述的副作用(都是

我胡謅出來的）！在夏令營結束的那天，我又遇到了他。他拉著他父母的手穿過草坪來找我，請我寫下藥的名字，這樣他以後也許用得著。

我還能怎麼辦呢？我在一張紙片上寫下了三個字「安慰劑」，遞給他，然後就道別了。心裡想，最好以後再也不會遇到他，否則我真是無地自容。

安慰劑效應也許最能彰顯免疫系統與身體其他系統的複雜聯繫。當人相信他們在接受治療時，身體就會感到更好。[2]因此，任何藥物或其他治療展開臨床測試時，都要進行繁瑣的雙盲對照實驗，來消除安慰劑效應。

關於免疫的書籍和論文裡提到了人體的許多免疫器官，大腦卻很少被提及。

事實上，現在有一個全新的領域來探討免疫系統如何影響了神經系統，即感染和發炎如何在生理層面影響了大腦。長久以來，科學家們一直認為，大腦就像眼睛和胎盤，是免疫的特區。這些地方一旦出現發炎後果就格外嚴重，因此它們就演化出了一系列的機制來保護它們不發生發炎反應。甚至還有人認為，這些免疫特區跟外界和免疫系統實際上被隔離開來，免疫細胞無法進入這些特區，也無法攻擊外來抗原或者引發發炎，但現在我們知道，情況並非如此。

之前，人們一直認為，血腦障壁可以阻止感染性病原體通

---

2 更令人費解的是，最近的研究表明，即使病人知道他們攝入的是安慰劑，安慰劑效應仍然存在。

過血液進入大腦，因為它可以把免疫系統隔離在大腦之外。不過，在過去的十五年裡，我們逐漸認識到，免疫系統不僅跟大腦有相互作用，而且大腦內有一類小神經膠質細胞，它們其實也是一種巨噬細胞，可以保護大腦不受感染，清除細胞殘骸並促進神經修復。不過，它們可能也參與了阿茲海默症的發作。

許多之前被認為只有免疫功能的蛋白質，現在人們知道它們還有新的功能：調節突觸形成，在大腦早期發育過程中進行修飾。研究人員現在推測，這些蛋白質一旦功能失調，可能會導致自閉症和思覺失調症。這些疾病是否是由免疫缺乏引起的呢？

當然，情況不會這麼簡單。很久以來，人們就知道我們的感覺、感知和思考會對免疫功能產生顯著的影響。而我們在進行感覺、感知和思考的時候，都離不開神經系統和大腦。

顯然，感覺和內部刺激會改變我們的生理指標——即使是單純地坐著看電影也會引起各種荷爾蒙飆升、血流加速。[3] 最近有證據表明，這些刺激對我們的免疫系統也有顯著的影響。那些長期承受精神壓力或抑鬱的人的確更常生病。

當然，反之亦然：我們生病的時候，感覺也會不同。即使睡眠充足、吃得飽飽的，我們可能也會感到疲倦、虛弱、易怒。我們身體的能量資源可能沒有被耗盡，但是我們仍然希望躺下來休息。這是免疫系統向我們發出的信號：它需要更多資

---

3 當然，何種荷爾蒙飆升、哪裡的血流加速，取決於觀看的是何種類型的電影。

源，希望我們好好待在床上（這樣就不會感染別人，也不會被別人感染），直到身體恢復。

更多發現：痛覺的神經受體辨識危險的方式，與免疫系統辨識危險的方式是一樣的，而且前者會跟免疫系統的反應相互協調，在身體真正發起免疫反應之前就開始強化發炎反應了——換言之，神經系統會感知到痛覺和危險的來臨，並機警地調整身體，做好應對。

此外還有：目前發現，迷走神經跟免疫系統有直接的接觸；神經發炎會引起細胞激素的分泌，後者會進入血液；免疫系統的成分也會受到神經訊號（比如荷爾蒙、神經傳導物質和細胞激素）的控制；壓力可能會加重氣喘；良好的睡眠有助於提高免疫力，睡眠不足的動物免疫細胞更少；大腦的免疫行為異常會助長藥物成癮。

還有更多！免疫系統受損的小鼠，學習能力也大打折扣。重要的神經傳導物質：多巴胺可以直接調控調節T細胞的行為。

如是云云。

所有這些證據綜合到一起，呈現出的就是關於人體的整體畫面。顯然，免疫系統有不同於身體其他器官的通訊網絡；它利用了許多相同的分子訊號——荷爾蒙、細胞激素，等等——這些訊號也會被身體的其他系統利用。實際上，這是整個身體應對不同情況時相互協調溝通的一部分。如果說這個論斷聽起來有點像是新世紀思潮（New Age），這是因為它的確有點像。現在，研究人員正在從分子的層次嘗試著理解正念、運動、冥想等行為對健康的益處。

# 再議免疫

有一種觀點認為，免疫系統有點兒像大腦，它並不是從一開始就知道世界上都有什麼東西，它必須不斷學習。

　　如果有人認為免疫系統是一個獨立的、分離的系統，那麼，也許可以說，這種觀點有點誤導人。在某些情況下，更準確的說法是「神經—免疫系統」，甚至是「神經—免疫—內分泌系統」。當我們在討論思緒、感情以及它們如何影響我們時，我們其實在討論的是「心理神經免疫學」（psychoneuroimmunology）。這個名詞聽起來就很複雜，但科學家現在已經小心翼翼地向密林深處前進了。

　　當然，像任何其他的通訊網絡一樣，它也可能被駭客攻擊。我在第三章裡提到過，病原體可以劫持這個網絡（下一節裡還會提到）。鑑於目前人們越來越理解到，抽象的心智觀念不過是人類大腦這個物理實體內所發生的一切，而且，人類的大腦也不是在真空中運轉，而是受到了無數因素的影響，可以推測，許多我們今天認為是「精神疾病」的症狀，在未來可能會發現是由感染或者免疫失調導致的。但這一天什麼時候到來，尚難預料。

　　在本書裡，說起免疫系統的時候，我不斷用到一些談論心智才用到的詞彙，比如免疫系統能夠「記憶」、「感知」、

「決定」、「反應」、「交流」，還有免疫「自我」。免疫網絡經常跟神經網絡相提並論，人們也會對比它們的組織邏輯和發育過程。這些詞語只是巧合的隱喻嗎？抑或它們反映出網絡的某些共通性？我們是否有必要談談「免疫認知」（immune cognition），即用理解大腦的方式來理解免疫系統？

關於免疫認知，目前有幾個有趣的想法，其中一個認為，免疫系統對世界的「感知」並不是清晰明確的或是遺傳決定的，而是非常動態的，視具體情形而定。這種觀點認為，免疫系統有點像大腦，並不是從一開始就知道世界上都有什麼東西，它必須不斷學習。

# 框架之外

> 回顧生物學的歷史不難發現，微生物往往會以我們預料不到的方式影響我們的生活——因此，我也不能排除這種可能性。

　　作為一名微生物學者，也許，我傾向於從微生物的視角來打量一切，但是，我的確相信微生物在未來的免疫學裡會扮演更重要的角色。我們現在知道細菌可以分泌類似荷爾蒙的分子來調節免疫系統，而寄生性蠕蟲更長於此道。

　　免疫系統與腸道微生物的相互作用，是本書中多次出現的主題。現在，我們知道，微生物和蠕蟲也參與了荷爾蒙—免疫—神經對話。儘管如此，在目前，它們仍然有著清晰的劃分——身體是一回事（自我），「微生物和蠕蟲」則是另一回事（非我），雖然所有這一切都緊緊地挨在一起生活。

　　通過釋放荷爾蒙，腸道微生物也許會以我們意想不到的方式影響我們，同時在身心方面帶來系統性的影響。它們會影響嬰兒期的大腦發育，改變大腦內的生物化學成分，從而可能影響一生的情緒反應。也有可能，兒童大腦發育的過程——他們的認知和情緒特徵——也會受到腸道微生物的影響，在這種情況下，過於乾淨的環境也就意味著貧瘠的腸道。在微生物學家莫塞利·謝克特（Moselio Schaechter）的部落格《秋毫》（Small Things Considered）上，在一篇客座文章中，微生物學

家米迦・馬納里（Micah Manary）甚至猜想，現代社會中的認知失調，比如自閉症和注意力缺陷過動症（ADHD）「可能是由於環境過於乾淨導致的，而不是因為父母教育的問題或者未知的神經毒素」。目前，已經有小鼠研究表明，腸道微生物的變化可能會影響冒險行為。許多精神病醫生不大歡迎微生物學家進入心理健康的領域，但是現在已經有醫生認真地對待腸道與大腦的聯結，向一些強迫症（OCD）患者開的藥裡就包括益生菌。

當然，這些也可能只是跟風炒作，過眼煙雲，但是回顧生物學的歷史不難發現，微生物往往會以我們預料不到的方式影響我們的生活——因此，我也不能排除這種可能性。

# 框架之內

也許我們需要定時接觸一定劑量的土壤或者空氣裡的微生物，以免來自人體的微生物一支獨大。

　　請允許我再分享最後一個觀察：最近，微生物學家開始把焦點轉向了我們的生活環境——我說的不是「熱帶」或者「沙漠」，而是我們日常生活所接觸的環境。我們大多數時間幾乎都待在封閉的空間內——家裡、辦公室、汽車、火車、飛機上——這些地方的微生物生態與牆外的世界截然不同。

　　現在，我們都生活在同質化的室內環境裡，並習以為常，而且我們認為，室內環境健康、乾淨，可以精細調控，但是環境微生物學家開始發現，人類過去一直生活在野外，直到最近才開始接觸這些「室內」的東西，事實上，我們的身體可能需要接觸戶外的微生物群落，沒有人工通風系統或者室內地毯的隔離，到處是不同的生態區位和形形色色的微生物。

　　為我們蓋房子和工作場所的人考慮過人體工程學、通風、氣溫、安全、美學、電纜鋪設，以及其他各種因素。目前，他們還沒有考慮過微生物多樣性。空氣就是空氣，還有什麼東西嗎？現在我們知道，還有很多。室內空氣裡主要是我們帶來的微生物，這也就相當於我們生活在自己菌群的空氣裡。而室外空氣裡的微生物，跟我現在吸進的微生物截然不同……等一

等，我打開窗戶……啊，現在好多了。也許我們需要定時接觸一定劑量的土壤或者空氣裡的微生物，以免來自人體的微生物一支獨大。許多關注健康的人士聲稱，在自然環境（比如森林和花園）中漫步有益身心健康，部分原因可能正是源於此。在日語裡甚至有一個專門的名詞「森林浴」（shinrin-yoku）來描述這種做法。

現在，所有這些問題都可能透過最新的高通量環境DNA定序技術來研究，所以，請拭目以待。

說到這裡，本書就結束了。感謝您的閱讀。現在，為什麼不到外面逛逛呢？

# 致謝

本書的寫作，透過澳洲藝術委員會（Australia Council for the Arts）獲得了澳洲政府的資助，我對此深表感謝。我還要感謝澳洲皇家科學研究所（Royal Institution of Australia），他們把我納入了自由發展科學名單（Free Range Science roster），我倍感榮幸。

感謝亨利·羅森布魯姆（Henry Rosenbloom）和Scribe出版社的全體工作人員，在過去的兩年裡，他們對我展現出極大的耐心和善意，雖然這兩年裡我一再錯過了截止日期，並一再道歉。我保證以後再也不這樣了。感謝我的作家經紀人，克萊爾·福斯特（Clare Forster），她出色地完成了她的工作。

感謝史考特·斯坦斯馬（Scott Steensma）和科比·本—巴拉克（Koby Ben-Barak），也要特別感謝邁克爾·布蘭德（Michael Brand），他們慷慨地抽出時間來閱讀書稿，提出了許多寶貴意見。感謝雪倫·布蘭斯堡—扎巴里（Sharron Bransburg-Zabary）博士分享她對免疫和母乳哺育的見解。感謝澳洲國立大學約翰·柯廷醫學研究院（ANU John Curtin School of Medical Research）的卡洛拉·維努薩（Carola Vinuesa）教授以及沃爾特和伊麗莎·霍爾研究院（Walter and Eliza Hall Institute）的艾米莉·埃里克森（Emily Eriksson）博士，他們與我素昧平生，卻通讀了書稿，提出了精采的反饋，糾正了多處錯誤，並指出了我忽視的研究。我要感謝戴維·戈爾丁（David Golding），他以熟練的手法精神奕奕地編

輯了本書，他對免疫學詞彙的掌握要比我紮實得多。

　　儘管有上述這些精采的努力，本書無疑免不了錯誤，對此我自己負責。

　　特別感謝我第一本書的讀者們，他們抽出時間給我留言。這對我的幫助超出你們的想像。墨爾本大學學者寫作中心（Melbourne University Writing Center for Scholars and Researchers）和他們的主任，西蒙・克萊斯（Simon Clews），是我走上寫作道路的介紹人，對他們我深表感謝。感謝保羅・格里菲斯（Paul Griffiths）教授的理解，感謝約翰・S. 威爾金斯（John S. Wilkins）的友誼和智慧，感謝艾利克斯・巴哈爾—弗西斯（Alex Bachar-Fuchs）、莫迪・賈迪什（Motti Gadish）和克里斯汀・莫勒—薩克森（Kristen Moeller-Saxone）的牽線搭橋。

　　最後，感謝我的妻子，塔瑪（Tamar），妳是我的力量、指引和智慧的源泉──是我尚未被描述的免疫力。

# 術語表

**B細胞或B淋巴球（B cell / B lymphocyte）**：適應性免疫系統中的一類細胞，其主要功能是產生抗體。

**DNA**：去氧核糖核酸；它是絕大多數生物體內遺傳訊息的主要物質載體。

**RNA**：核糖核酸；在細胞內有多種類型的RNA，它們執行了許多關鍵的功能，跟遺傳訊息的表達、翻譯、調控密切相關。

**T細胞或T淋巴球（T cell / T lymphocyte）**：源於胸腺的一類免疫細胞，屬於適應性免疫系統。T細胞有許多亞型，執行許多不同的功能。目前研究得最清楚的兩種主要T細胞類型包括殺手T細胞（其功能是摧毀其他細胞）和輔助T細胞（其功能是辨識被病毒感染的細胞表面的抗原，並刺激B細胞分泌抗體）。

## 三劃

**上皮細胞（epithelial cells）**：組成身體內外表面的一層細胞。

**干擾RNA（iRNA）**：一類RNA分子，通過跟另一個RNA分子結合從而調控（往往是抑制）後者的功能。

## 五劃

**主要組織相容性複合體（major histocompatibility complex，MHC）**：體細胞表面的一類分子，它們從細胞內部抓取分

子，將其展示到表面，這樣免疫細胞就可以辨識這些分子，並做出反應。

**古菌（archaea）**：一種單核微生物，不同於細菌；屬於真細菌域。

**巨噬細胞（macrophage）**：一類較大的吞噬細胞。

## 六劃

**次級免疫反應（secondary immune response）**：一類迅速、特異、強大的適應性免疫反應，在免疫系統遇到之前遭遇過的病原體時會發生。

**共生菌、共生微生物（commensal bacteria，commensal microbiota / commensal micro-organisms）**：在宿主體內和體表生存並且對宿主的生存不造成危害的微生物。

**自身抗原（self-antigens）**：來自身體內部的抗原分子。

**自然殺手細胞（natural killer，NK）**：一類淋巴球，可以摧毀體內被病毒感染的細胞。

**自體免疫疾病（auto-immune disorder）**：由於適應性免疫系統對自身抗原發起免疫反應而引起的症狀。

**先天性免疫系統（innate immune system）**：人體先天的、大體上是非特異性的免疫防禦機制。先天性免疫系統包括免疫細胞、抗細菌分子，以及物理屏障。它不具備免疫記憶的能力。

**行為免疫系統（behavioural immune system）**：旨在避免疾病的各種心理行為。

**危險模型（danger model）**：免疫學的一種理論模型，它提出免疫系統能夠區分危險訊號與非危險訊號，這不同於目前免疫學主流的「自我與非我」模型。

## 七劃

**抗原（antigen）**：一切可以誘發身體免疫反應（特別是形成抗體）的外來物質。

**抗原決定位（epitope）**：抗原表面被抗原呈現細胞或抗體識別的位置。

**抗原呈現細胞（antigen-presenting cells，APCs）**：一類免疫細胞，它們會處理抗原，並把抗原分子呈現在它們表面，（跟共同刺激主要組織相容性複合體一道）激發T細胞反應。

**抗體（antibody）**：B細胞產生的一種蛋白分子，可以特異性地結合抗原。

**免疫耐受（immune tolerance）**：免疫系統對外界物質不做出反應的狀態。

**免疫特區（immunological privilege）**：身體內某些部位對外界物質表現出免疫耐受的狀態，而這種狀態在其他部位則不會出現。

**免疫接種（inoculation / variolation）**：向身體引入外來物質從而刺激免疫反應的實踐活動，目的是形成免疫記憶，從而長期抵禦未來可能出現的特定病原體。

**免疫療法（immunotherapy）**：通過刺激免疫反應來治療疾病的臨床實踐。

吞噬細胞（phagocyte）：能吞噬並消化有害細胞、顆粒或死亡細胞的一類免疫細胞。

## 八劃

肽（peptide）：小的蛋白片段，基本單元是胺基酸。

受體（receptor）：細胞表面或內部能夠與化學訊號分子特異性地結合的分子。

## 九劃

胞毒T細胞（cytotoxic T cell）：一類T細胞，可以殺死其他細胞。

信使RNA（messenger RNA，mRNA）：DNA基因的一段複製，包含了編碼蛋白質的指令。

重組（recombination）：基因組把某些基因片段重新排列的過程。

## 十劃

病毒（virus）：一類傳染性病原體，由遺傳物質（DNA或RNA）和蛋白質外殼組成。

病原體（pathogen）：會引起疾病的微生物。

記憶T細胞（memory T cells）：能夠「記住」之前經歷過的感染的T細胞，當再次遇到同樣的病原體時，會快速發起免疫反應。

效應物（effector）：通過跟其他細胞結合而調控後者功能的

分子或細胞。

**原生生物（protozoan）**：一類真核的單細胞微生物，屬於原生生物界。比較為人所知的包括變形蟲、鞭毛蟲和纖毛蟲。

**原始態（naive）**：尚未接觸過抗原的免疫細胞或免疫系統。

**弱化（attenuation）**：病原體毒性的降低，可能是自然發生，也可能是為了製造疫苗人為做出的改變。

**真核生物（eukaryote）**：一切細胞內含有細胞核結構的生物體。

**脂多醣（lipopolysaccharide，LPS）**：一類含有糖和脂肪酸的脂類分子，多見於細菌的細胞膜表面。會刺激吞噬細胞的類鐸受體。

**胸腺（thymus）**：胸腔上方一個主要的淋巴器官，T細胞在此產生並成熟。


## 十一劃

**淋巴系統（lymphatic system）**：在人體內運輸淋巴液的全部管道。

**淋巴球或淋巴細胞（lymphocyte）**：淋巴內的一類免疫細胞，大體可以分為三類：T細胞、B細胞和自然殺手細胞。

**淋巴液（lymph）**：含有淋巴球的一種體液，在全身循環流動，經過淋巴系統進入血液循環。

**淋巴結（lymph node）**：淋巴系統內的小器官，其中含有許多免疫細胞。淋巴結是許多淋巴球與外界物質相遇的地方。

**基因（gene）**：遺傳的基本單位；一段編碼蛋白質或RNA分子

的遺傳物質（通常是DNA）。

**細胞激素（cytokine）**：細胞之間傳遞訊號的蛋白質分子。

**細菌（bacterium）**：一類微小的單細胞生物，沒有細胞壁和細胞核；屬於細菌域。

**造血幹細胞（haematopoietic stem cell，HSC）**：骨髓中的一類細胞，可以分化成各種血球。

**移動遺傳元件（mobile genetic elements）**：可以在基因組內或基因組間跳躍的DNA或RNA序列。移動遺傳元件包括質體、轉位子、反轉錄轉位子和噬菌體元件。

## 十二劃

**補體系統（complement system）**：一類蛋白分子，協同起來對抗病原體。這些蛋白質會覆蓋到病原體的表面，或者直接殺死病原體，或者向吞噬細胞發出訊號由後者摧毀病原體。

**發炎反應（inflammatory response）**：身體對外來物質的反應。體液、細胞、蛋白質在感染或受傷部位聚集，引起局部腫痛、變紅、發熱並暫時失去功能。

**菌群（microflora）**：見共生微生物。

**單株抗體（monoclonal antibodies）**：由單一細胞系（往往是人工製造的融合瘤細胞）產生的完全一致的抗體。

## 十三劃

**溶酶體（lysosome）**：細胞內的一種胞器，它含有許多酵素，可以降解、消化生物分子。

**愛滋病，或後天免疫缺乏症候群（acquired immunodeficiency syndrome，AIDS）**：一種由HIV-1導致的傳染性疾病。該病毒會感染免疫系統的T細胞，導致身體容易被其他致病菌感染。

## 十四劃

**酶，或稱酵素（enzyme）**：具有催化生物化學反應能力的蛋白質分子。

**輔助T細胞（helper T cell）**：一類調節T細胞，多分布在受病毒感染的體細胞表面，它可以激發B細胞和殺手T細胞。

## 十五劃

**調節T細胞（regulatory T cell）**：可以調控免疫反應和免疫細胞數量的一類T細胞。

**複製（cloning）**：產生出同樣生物體副本的過程。

**適應性免疫系統（adaptive immune system）**：能夠向感染源發起抗原特異性反應的免疫細胞組成的網絡。

**衛生假說（hygiene hypothesis）**：一九八九年提出的一個理論，認為工業化社會裡，人們跟微生物接觸的機會減少，這造成日益增多的過敏和自體免疫疾病。

## 十六劃

**融合瘤細胞（hybridoma）**：在實驗室裡通過融合淋巴球和癌細胞製造出的一種細胞類型，可以產生專一性的單株抗體分子。

**樹突細胞（dendritic cell，DC）**：一類重要的免疫細胞。樹突細胞是一種吞噬細胞，對於調控免疫反應很重要。

**噬菌體（bacteriophage）**：可以感染細菌的病毒。

## 十七劃

**黏膜免疫系統（mucosal immune system）**：分布在人體黏膜覆蓋的表面下方的免疫成分，包括胃腸道、淚道、唾液分泌管、呼吸道、泌尿道和乳腺黏膜內的淋巴組織。

## 十九劃

**類鐸受體（Toll-like receptors，TLRs）**：先天性免疫系統內的一類蛋白，可以辨識病原體相關分子模式，從而使得免疫系統對入侵的病原體迅速有力地做出應對。

## 二十劃

**蠕蟲（helminth）**：一類寄生性蠕蟲狀真核生物，包括吸蟲、條蟲或線蟲。

# 延伸閱讀

在本書的寫作過程中，我引用了大量科學文獻和科學著作，限於篇幅，此處就不一一列舉了。關於其中比較重要的一些，我做了一份十二頁的參考文獻，如果你感興趣，可以發郵件給我，idan.smallwonders@gmail.com。

關於免疫學，市面上有許多精采的教科書，我個人較偏愛的是《詹韋免疫生物學》（*Janeway's Immunobiology*），現在已經出到第九版了，作者是肯尼斯・墨菲（Kenneth Murphy）和凱西・韋弗（Casey Weaver）。

免疫學的歷史和免疫學基本主題的流變，都是非常精采的課題，限於學力，無法詳述。《免疫學歷史圖鑑》（*Historical Atlas of Immunology*）是關於免疫學歷史很不錯的入門書，作者是朱利葉斯・M. 科魯茲（Julius M. Cruze）和羅伯特・E. 劉易斯（Robert E. Lewis）。讀者如有興趣探索有關免疫學的思想與辯論，我推薦阿瑟・M. 希爾福斯坦（Arthur M. Silverstein）的《免疫學史》（第二版）（*A History of Immunology*〔*second edition*〕），以及阿爾弗雷德・I. 陶伯（Alfred I. Tauber）、斯科特・波多爾斯基（Scott Podolsky）和哈姆克・卡明加（Harmke Kamminga）的著作。如果你對免疫學和身體其他部位有關戰爭的隱喻感興趣，請參閱艾米麗・馬丁（Emily Martin）的《靈活的身體》（*Flexible Bodies*）一書。本書提到的許多科學家都有傳記可供閱讀。關於疫苗開拓者莫里斯・希爾曼（Maurice Hilleman）的故事，可參閱保羅・奧菲特

（Paul Offit）的《接種疫苗：他如何隻身征服了世界上最致命的疾病》（*Vaccinated: one man's quest to defeat the world's deadliest diseases*）。

羅伯‧唐恩（Rob Dunn）的《我們的身體，想念野蠻的自然》（*The Wild Life of Our Bodies*），生動有趣地探討了人體與體內其他生物的複雜關係。卡爾‧齊默（Carl Zimmer）的《霸王寄生物》（*Parasite Rex*）記錄了一段寄生蟲之旅。馬丁‧布雷瑟（Martin J. Blaser）的《不該被殺掉的微生物》（*Missing Microbes*）探討了人類濫用抗生素的後果。丹尼爾‧M. 戴維斯（Daniel M. Davis）的《兼容基因》（The Compatibility Gene）討論了免疫相容性以及它對我們的生活、我們的共性與不同、我們的歷史與行為的重要意義。

最後，我要特別指出，本書第三章裡關於行為免疫的部分，重點參考了班傑明‧帕克（Benjamin Parker）等人於二〇一一年五月發表在《生態與進化趨勢》（*Trends in Ecology and Evolution*）期刊上的論文，題為〈演化框架中的非免疫防禦〉（Non-immunological Defence in an Evolutionary Framework）。

# 譯者致謝

　　書稿本來是按二〇一四年Scribe版的英文譯出，後來作者Idan慷慨分享了他為二〇一八年新版做的修訂，於是我也更新了譯稿。

　　書稿譯完，武漢大學的孫慧教授和中國科學院武漢病毒所的鄔慧民研究員，通讀了譯稿，提出了許多中肯的修訂和註釋。康奈爾大學的司源博士也貢獻了不少建議，讓譯稿更為流暢，特表感謝。

　　尤其感謝倪加加博士細緻認真的審校工作，得益於他敏銳的漢語語感和養育兩個娃兒的經驗，譯稿的品質又更上層樓了。

　　譯書本是一件甘苦自知的事情，能得到同行的點評與切磋，我深感幸運。與同道者共事，不亦樂乎？讀者若有批評指正或問題交流，歡迎郵件聯繫：biofuhe@gmail.com。

傅賀

二〇一九年一月於美國雅典